BERQUIN.

ASTRONOMIE

POUR

LA JEUNESSE,

OU

LE SYSTÈME DU MONDE EXPLIQUÉ AUX ENFANTS.

PARIS,

VICTOR LECOU, ÉDITEUR, 10, RUE DU BOULOI.

1852.

BERQUIN.

ASTRONOMIE

POUR

LA JEUNESSE.

Arras : Typ. de Mme veuve J. DEGEORGE.

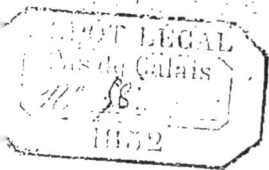

BERQUIN.

ASTRONOMIE

POUR

LA JEUNESSE,

OU

LE SYSTÈME DU MONDE EXPLIQUÉ AUX ENFANTS.

PARIS,
VICTOR LECOU, ÉDITEUR, 10, RUE DU BOULOI.
1852.

INTRODUCTION.

'astronomie a pour objet l'étude des corps célestes et des lois qui régissent leurs mouvements. L'astronomie est aussi vieille que le monde. L'imposant aspect du ciel, l'apparition périodique de certains astres sur cette voûte immense, ont frappé les premiers hommes. Les peuples pasteurs ont été les premiers astronomes.

Plus tard, cette science naturelle et diffuse prit une forme plus positive. L'invention de la sphère, la division du zodiaque en douze constellations et les noms donnés à ces derniers paraissent venir des Chaldéens, qui sans doute les tenaient de peuples plus anciens qu'eux.

De l'Orient l'astronomie passa en Egypte. Les monuments

de ce pays et quelques passages des anciens auteurs attestent les progrès que la science chaldéenne fit dans les temples de Thèbes et de Memphis.

La Grèce resta indifférente aux études savantes de la Chaldée et de l'Egypte ; elle méprisa la vérité que l'école de Pythagore annonçait en disant que la terre tourne sur elle-même et autour du soleil. Eudoxe, Pythéas, Eratosthène firent quelques observations importantes ; le dernier essaya même de mesurer la terre par le moyen usité aujourd'hui. Hipparque parut en 160 avant J.-C. ; il trouva la vraie longueur de l'année, observa le grand mouvement céleste appelé *précession des équinoxes,* et dressa un catalogue de vingt-deux mille étoiles. Ptolémée, vers le commencement du deuxième siècle après J.-C., réunit les connaissances astronomiques alors existantes dans un ouvrage que les Arabes ont appelé *Almageste,* et il y développa un système qui a été suivi en Europe jusqu'au seizième siècle, et qui consistait à faire de la terre le centre de tous les mouvements des corps célestes.

Copernic, né à Thorn en 1473, fut le premier qui osa révoquer en doute le système de Ptolémée ; il démontra que le soleil est immobile au centre de l'univers, et que la terre ainsi que toutes les planètes tournent autour de l'astre qui les chauffe et les éclaire.

Tycgo-Brahé s'égara dans de fausses théories, et cependant rendit à la science d'éminents services par ses belles observations.

Képler s'immortalisa par la découverte des trois grandes lois qui régissent les corps célestes, et auxquelles il a laissé son nom. Peu de temps après, Oalilee, à l'aide du télescope, dont il peut être regardé comme l'inventeur, ouvrit de nouveaux cieux à l'astronomie, aperçut les satellites de Jupiter et prouva jusqu'à l'évidence le mouvement de la Terre autour du Soleil. Huyghens, Cassini, Helvétius marchèrent glorieusement dans la voie tracée par Copernic, Képler et Galilée; Halley annonça le retour d'une comète; enfin Newton, né en 1643, parvint en méditant les lois de Képler, à découvrir la loi fondamentale de l'univers, c'est-à-dire l'attraction, par laquelle on explique les mouvements planétaires, l'aplatissement des pôles, le flux et le reflux de la mer, en un mot tous les mouvements, toutes les anomalies apparentes observées sur la terre ou dans les cieux. En portant le télescope à une perfection extraordinaire, Herchel agrandit encore pour nous les espaces du ciel et y découvrit la planète Uranus. Olbers, Harding, Piazzi, Hencke et Hind en ont successivement aperçu sept autres, et tout récemment M. Leverrier vient d'indiquer, par le seul calcul des perturbations d'Uranus, la place où doit indubitablement se trouver une planète inconnue.

Enfin de nombreux savants de toutes les nations ajoutent chaque jour de nouveaux compléments à l'édifice de la plus majestueuse des sciences.

Il n'existe aucun traité tout à fait élémentaire de cette science qu'on puisse mettre aux mains des enfants.

Berquin, dans son introduction à la Science de la nature, a enseigné l'astronomie avec cette clarté qui lui est naturelle, et qui saisit si vivement l'esprit de la jeunesse. Nous avons détaché de l'ouvrage ces chapitres si intéressants, nous y avons ajouté quelques notions que les découvertes modernes rendaient indispensables, et nous en avons fait *cette petite astronomie* que nous publions aujourd'hui. Les enfants la pourront comprendre, et bien des grandes personnes ne la liront pas sans intérêt.

J. C. D.

LE SOLEIL.

Reposons-nous ici, mes amis. Nous voici parvenus sur le sommet le plus élevé de la colline. Venez vous asseoir près de moi, et jouissons ensemble de la fraîcheur de cette belle soirée. Quelle charmante perspective s'offre à nos regards! Comme ce vaste paysage réunit l'agrément et la richesse dans le mélange de ces vertes prairies où l'œil s'égare avec tant de plaisir, de ces petits ruisseaux qui semblent se jouer en les baignant de leurs eaux fécondes, de ces champs couverts de moissons dorées, et de cette forêt, dont les robustes enfants vont se transformer en vaisseaux, pour aller nous chercher mille trésors précieux aux bornes de la terre!

Au-dessus de cette scène admirable, contemplez le soleil, qui, du seul éclat de sa couronne, remplit l'immensité de son empire. Toute cette magnificence est son ouvrage.

Après avoir rendu par la chaleur de ses rayons la vie à la nature, il en fait briller les traits rajeunis de la splendeur de sa lumière, et jette sur les plis de sa robe verdoyante les plus vives couleurs.

Occupons-nous un moment de ce qu'il est, et des bienfaits qu'il répand sur la terre, avant de rechercher la place qu'il occupe, et de parcourir les espaces immenses où s'étend sa domination.

Le soleil est un globe de feu, qui, tournant sur lui-même avec une rapidité prodigieuse, darde sans cesse, et de tous les côtés en lignes droites, des rayons formés de sa substance, et destinés à porter avec une vitesse inconcevable, jusqu'au bout de l'univers, la lumière qui l'éclaire, la chaleur qui l'anime, et les couleurs qui l'embellissent.

C'est un globe, puisque dans toutes ses parties, il se montre à nos yeux sous une forme circulaire, et qu'avec un bon télescope, on découvre sa convexité. Il est de feu, puisque ses rayons rassemblés par des miroirs concaves ou des verres convexes, brûlent, consument et fondent les corps les plus solides, ou même les convertissent en cendres ou en verre.

Il tourne sur lui-même, puisque l'on observe sur son disque des taches, qui, se montrant sur un de ses bords, semblent passer à travers toute sa largeur sur le bord opposé, se dérobent pendant quelques jours, et reparaissent ensuite au premier point d'où elles sont parties. Ces taches peuvent aisément se découvrir avec une bonne lunette; leur nombre va quelquefois jusqu'à cinquante; et il en est que l'on a vues dix sept cent fois plus grandes que la terre entière. Soit qu'on les considère comme des écumes formées par l'action d'un feu violent, soit plutôt comme des éminences solides du corps du soleil, que les flots de matière enflammée qui le baignent, laissent quelquefois à découvert dans leur agitation, ces taches, unies à sa masse, ne laissent pas douter, par leur cours régulier, qu'il ne tourne avec elles sur lui-même ; et cette rotation qui se fait en vingt-cinq jours et demi, quoique plus lente que celle de la terre, qui n'y emploie qu'un jour, doit être d'une rapidité prodigieuse pour un globe quatorze cent mille fois plus gros que le nôtre.

Le soleil darde ses rayons sans cesse de tous côtés, et même de tous les points de sa surface ; car il n'est pas un seul instant où sa lumière ne se répande sur toutes les parties de l'univers tournées vers lui, et pas un seul point qu'il éclaire, d'où on ne ne le voie tout entier.

Ses rayons sont dirigés en lignes droites, et non par des ondulations semblables à celles que le mouvement excite dans l'air et dans l'eau ; car autrement, on le verrait lorsqu'il serait caché derrière une montagne, et même lorsqu'il serait de l'autre côté de la terre, c'est-à-dire pendant la nuit, puisque sa lumière étant répandue par ondes, comme le son, l'impression en viendrait toujours à nos yeux. La lune, par la même raison, ne pourrait jamais l'éclipser.

J'en ai une autre preuve plus à votre portée. Lorsque j'ai fait votre portrait à la silhouette, c'est que votre tête jetait sur la muraille, une ombre exactement de la même forme qu'elle-même ; ce qui prouve clairement que les rayons croisaient en lignes droites, toutes les extrémités de votre profil. On peut enfin s'en convaincre d'une autre manière, en fermant les volets d'une chambre et en y pratiquant un petit trou : les rayons qui passent par cette ouverture ne se répandent point en ondes dans la chambre, mais la traversent en lignes droites, sans éclairer autre chose que les objets qu'ils rencontrent dans cette direction.

Les rayons du soleil sont formés de sa propre substance. Ce sont des flots de sa matière enflammée qu'il lance de tous côtés. A la distance où il est de nous, comment ses rayons pourraient-ils nous échauffer s'ils ne partaient d'une source brûlante, en conservant dans le trajet leur chaleur par la vitesse de leur mouvement? Vous branlez la tête, Henri? Vous pensez sans doute que le soleil devait être dès longtemps épuisé? Votre arrosoir, dites-vous, n'est pas une minute à se vider de l'eau qu'il contient. Je veux renchérir encore sur votre objection. L'arrosoir ne verse de l'eau que d'un côté, et le soleil répand de toutes parts sa lumière. Il la fait jaillir jusqu'à des lieux un million de fois peut-être plus éloignés de lui que nous ne le sommes, puisque certaines étoiles, qui sont à cette distance, envoient leur lumière jusqu'à nos yeux. Il ne paraît pas cependant que ni le soleil, ni les étoiles aient souffert, depuis tant de siècles, quelque diminution de leur éclat. Vous voyez que je n'ai pas affaibli votre difficulté. Écoutez maintenant ma réponse.

Il est d'abord nécessaire de vous donner une idée de la petitesse prodigieuse des parties dont les rayons de lumière sont composés. Au moyen du microscope, je vous ai fait voir dans une goutte d'eau de mare, pas plus grosse qu'une lentille, des milliers de petits insectes vivants. Ces insectes ont des yeux, des membres, du sang, ou une autre liqueur qui circule dans leur corps pour les animer. Il vous est aisé, ou plutôt il vous est impossible de vous figurer combien chaque goutte de sang ou de cette liqueur doit être menue. On prouve, par le calcul, qu'elle est moins par rapport à un grain de sable d'une ligne, que ce grain de sable n'est au globe de la terre. Eh bien, cette petitesse n'est rien encore en comparaison de celle des parties de la lumière, ainsi que vous allez en convenir. Je vous ai dit tout à l'heure que nous ne voyons le soleil entier que parce que de tous les points de sa surface, il part des rayons qui viennent peindre son image au fond de nos yeux. Il n'est pas douteux que ces insectes ne voient le soleil pendant le jour; peut-être voient-ils pendant la nuit les étoiles. Or, ils ne peuvent les voir à moins que de tous les points de toute la surface des étoiles et du soleil, il ne soit parti des rayons pour en porter jusqu'au fond de leurs yeux l'image entière. Le soleil est plus de quatorze centmille fois plus grand que la terre; chacune des étoiles est aussi grande que le soleil. Voilà donc des corps d'une masse si incompréhensible, qui, de tous les points de leur étendue, envoient des flots de lumière dans l'œil d'un petit insecte, confondu avec des milliers de ses semblables dans une goutte d'eau, à peine sensible à nos regards.

Vous refusez peut-être de croire qu'un si petit animal puisse porter sa vue jusqu'aux étoiles. Je ne vous chicanerai point là-dessus, quoique je puisse vous citer un très beau vers de M. de Bonneville, qui dit en parlant de la puissance de Dieu :

Et sur l'œil de l'insecte il a peint l'univers.

Mais si l'insecte ne jouit pas de ce vaste spectacle, nous en jouissons, nous autres. Notre œil peut, dans une seconde, parcourir toute l'étendue des cieux. Il aura vu non seulement toutes les étoiles, mais encore toutes les parties de l'espace qui les sépare; ce qui multiplie bien davantage la quantité des rayons qui seront venus successivement aboutir à nos yeux. Et cette nouvelle expérience est une preuve plus forte encore de l'infinie petitesse des parties de la lumière, puisqu'un si grand nombre de rayons se sont combattus et effacés les uns les autres dans notre œil, sans lui causer la plus légère impression de douleur, malgré la vîtesse inconcevable dont ils viennent le frapper.

Il vous est arrivé fort souvent de voir dans la campagne la lumière d'une chandelle qui brûlait à une lieue au moins de vous. En traçant un cercle autour de cette chandelle, à la distance où vous en étiez, il est clair que de tous les points de ce cercle, on aurait pu la voir, et, à plus forte raison, de tous les points de l'étendue qu'il renferme. Tous les points de cet espace, jusques à une distance pareille en dessus et en dessous, si le flambeau était suspendu dans les airs, seraient donc remplis de parties de lumière émanées de la flamme de la chandelle. Elle ne consume pas, dans la durée d'un clin-d'œil, un globule de suif gros comme la tête d'une épingle. Ce petit globule de suif a donc fourni à la lumière une matière capable de remplir par sa division un globe de deux lieues de diamètre. Aussi le calcul peut-il démontrer qu'un pouce de bougie, après avoir été converti en lumière, a donné un nombre de parties de plusieurs millions de fois plus grand que celui des sables que pourrait contenir la terre entière, en supposant qu'il tienne cent parties de sable dans la largeur d'un pouce. Que serait-ce donc d'un pouce de matière lumineuse infiniment plus pure, et par la susceptible d'une plus grande division? Enfin, si un grain de musc exhale sans cesse, et de tous côtés, des particules de sa substance ; s'il les exhale pendant vingt-cinq ans sans rien perdre sensiblement de son volume; si un boulet de fer d'un pied de diamètre, rougi à un grand feu, laisse échapper des flots de particules enflammées et lumineuses, sans que cette effusion lui fasse perdre l'équilibre dans la plus juste balance, vous concevrez plus aisément que le soleil puisse répandre des torrents de lumière sans paraître s'affaiblir, et qu'une petite partie de sa masse lui suffise pour remplir, pendant des siècles, de sa lumière et de sa chaleur, toutes les planètes et les espaces qui lui sont soumis.

Quant à la vitesse inconcevable de ses rayons, il est prouvé qu'ils n'emploient qu'environ huit minutes pour venir de lui jusqu'à nous. Lorsque vous serez un peu plus avancés dans l'étude des cieux, je vous dirai par quelle observation on a fait d'abord cette découverte, et comment une expérience ingénieuse l'a confirmée. Il me suffit à présent de vous garantir que ce point est de nature à ne pas être plus contesté que l'existence même de la lumière.

Tout ce qui regarde les couleurs demanderait trop de détails pour vous être expliqué dans le cours de cet entretien; nous y reviendrons dans un autre moment.

Il ne me reste donc plus qu'à vous parler de la chaleur que nous devons au soleil. C'est le plus grand et le plus sensible de ses bienfaits, puisqu'il produit et le mouvement et la vie dans tout ce qui respire. Je me borne à présent à vous en montrer les effets dans la végétation.

Vous vous souvenez de l'état de langueur où gémissait la nature pendant la triste saison de l'hiver. La terre étant saisie d'un profond engourdissement, les fleurs n'osaient paraître sur son sein ; et les arbres étaient dépouillés de tout leur feuillage. La sève qui les anime, en circulant, comme je vous l'ai fait voir, dans leurs branches et leurs rameaux, n'avait plus qu'un mouvement paresseux et de défaillance, qui suffisait à peine à leur conserver un reste de vie presque insensible, et tout voisin de la mort. La neige couvrait la terre. Le printemps est venu réchauffer la terre ; et, soudain la sève reprenant la liberté de son cours, la verdure s'est déployée sur toutes les plantes. Comment le soleil a-t-il produit ce changement ? Je vais prendre un exemple plus près de vous, pour vous en rendre l'explication plus aisée à concevoir.

Il n'est pas que vous n'ayez vu un de ces animaux que les petits Savoyards portent dans des boîtes, et qu'ils se plaisent à montrer pour quelques pièces de monnaie aux enfants, une marmotte, s'il faut vous dire son nom. Ces bêtes sont très sensibles au froid ; et comme il est plus pénétrant dans les montagnes de la Savoie, où elles ont pris naissance, afin de se dérober à sa rigueur, elles creusent dans la terre des trous profonds, où elles restent renfermées pendant l'hiver dans un morne assoupissement

Rien, comme vous le voyez, ne peut se ressembler davantage
dans cet état qu'un arbre
et une marmotte. Ils sont
tous les deux engourdis,
parce que la sève de l'un,
et le sang de l'autre, qui
sont les principes de leur
vie, n'ont qu'une circula-
tion embarrassée dans les tuyaux du premier et dans les veines du
second, par l'action du froid qui les resserre. Laissons l'arbre un
moment, et ne nous occupons que de la marmotte.

Si vous étiez en voyage dans les montagnes de la Savoie, et
que vous trouvassiez un de ces animaux engourdi, voici le raisonnement que vous feriez sans doute : puisque c'est le froid qui
cause son engourdissement, je puis l'en retirer en lui rendant la
chaleur.

Mais si vous ne faisiez qu'allumer auprès de lui un feu peu
vif et de courte durée, quand vous renouvelleriez cent fois par
intervalles cette opération, l'engourdissement n'en subsisterait pas
moins. Si, au contraire, en allumant d'abord un petit feu, vous
l'augmentiez successivement, et que vous eussiez grand soin de le
renouveler sans cesse avant qu'il fût tout-à-fait éteint, il n'est pas
douteux que la marmotte ne sortît de sa léthargie, puisque son
sang reprendrait sa fluidité. Vous la verriez bientôt étendre ses
jambes, ouvrir ses yeux, secouer ses oreilles, et vous réjouir par
la souplesse et la vivacité de ses mouvements.

Voilà précisément les degrés par lesquels le soleil tire la nature
de l'engourdissement où elle était plongée, et la ramène à la vie.

La longueur des nuits de l'hiver vous a donné lieu d'observer combien peu le soleil restait alors sur la terre. Il venait bien l'é-clairer chaque jour; mais à peine avait-il paru quelques heures, sur nos têtes, qu'on le voyait déjà s'éloigner. D'ailleurs, il ne nous envoyait ses rayons que d'une médiocre hauteur, même dans son midi. Il n'est donc pas étonnant que la terre, perdant la nuit le peu de chaleur qu'elle avait reçu pendant le jour, n'en conservât pas assez pour se ranimer. Depuis le printemps, vous avez vu les jours s'agrandir par des progrès plus marqués, et le soleil darder ses rayons plus directement sur nos têtes. Peu à peu la terre s'est dégourdie; son sein s'est réchauffé; la sève, qui est le sang des plantes, a repris son cours, les arbres se sont couverts de feuilles et de fleurs; et maintenant que nous sommes aux jours les plus longs de l'année, et le soleil au plus haut point de son élévation sur la terre, vous voyez des fruits déjà murs, d'autres qui tendent rapidement à le devenir. Comme la chaleur ira tou-jours en augmentant pendant l'été, les fruits qui en demandent le plus pour mûrir trouveront à leur tour le degré qui leur est né-cessaire, avant que le soleil, qui va dès la fin de ce mois (juin), perdre de son élévation sur nos têtes, et diminuer graduellement, jusqu'à la fin de l'automne, son cours journalier, laisse peu à peu retomber la terre dans les horreurs de l'hiver.

Quelle idée vous passe donc par la tête en ce moment, Char-lotte? Je croyais tout-à-l'heure lire sur votre visage que mon explication avait le bonheur de vous satisfaire. Pourquoi venez-vous de froncer le sourcil aux dernières paroles? auriez-vous quelques difficultés à me proposer? Vous savez que je les aime. Voyons, je vous écoute. Ah! je comprends votre objection, et je vais moi-même vous la rapporter. Puisque le soleil n'a fait cesser le froid de l'hiver qu'en s'élevant plus directement sur nos têtes, et en prolongeant la durée du jour, comment la chaleur pourrait-elle augmenter pendant l'été, puisque, dès la fin de ce mois, le soleil va perdre chaque jour de sa hauteur sur l'horizon, et s'en éloigner plus longtemps pendant la nuit? N'est-ce pas là ce que vous vouliez dire, seulement en termes un peu plus clairs? Fort bien. Je suis très aise que vous m'avez proposé cette difficulté. Elle est toute naturelle. D'ailleurs, elle me prouve que vous m'avez prêté une oreille attentive, et que votre esprit est déjà capable d'une certaine justesse de raisonnement. Je me fais un vrai plaisir de vous répondre.

Vous souvenez-vous que l'autre jour après souper, voulant vous aller reposer à dix heures du soir sur le banc du jardin, vous trouvâtes la pierre encore si chaude, quoique le soleil eût cessé, depuis deux heures, d'y darder ses rayons, qu'il vous fut impossible de vous y asseoir sans vous garantir en mettant votre manche sur le banc? Vous voyez par là qu'un corps échauffé par le soleil peut conserver longtemps la chaleur qu'il en a reçue, bien qu'il ne soit plus exposé à ses feux. Vous concevez aussi qu'un caillou

placé sur le banc même, l'aurait bien plus tôt perdue, parce que plus le corps est petit, plus elle est prompte à s'en échapper.

Il vous serait aisé d'en faire l'expérience, en jetant à la fois dans un brasier un clou et une grosse barre de fer; la barre serait bien plus longtemps à se refroidir que le clou. Ainsi, si le banc de pierre a conservé pendant deux heures après le coucher du soleil une chaleur assez forte pour vous être insupportable, il est à présumer que la terre qui est une masse infiniment plus grande, l'a conservée plus avant dans la nuit, et même jusqu'au lendemain au matin. Le soleil, la trouvant encore échauffée, aura donc ajouté de nouveaux degrés de chaleur à ceux qu'elle avait gardés la veille; et, comme avec cette plus grande quantité elle en aura encore retenu davantage la nuit suivante, la chaleur ira toujours en augmentant, soit dans son sein, soit dans l'air, à qui elle se communique, jusqu'à ce que les nuits, devenant beaucoup plus longues, et par conséquent plus fraîches, la terre perde enfin dans leur durée la plus grande partie de la chaleur qu'elle a reçue pendant le jour, ce qui arrive ordinairement au commencement de l'automne. C'est par ce moyen que les raisins, qui, mûrissant plus tard que les cerises, ont besoin d'une plus grande continuité de chaleur, la trouvent même lorsque le soleil ne darde plus si longtemps ses rayons sur leurs grappes.

C'est par la même raison que la chaleur est ordinairement plus accablante à trois heures qu'à midi, quoique le soleil soit déjà descendu pendant trois heures vers l'horizon. Cet été du jour, si j'ose ainsi parler, répond à merveille à l'été de l'année.

Après avoir parlé si longtemps des bienfaits du soleil, il vous tarde sans doute de savoir quelle place ce roi de l'univers occupe dans son empire. C'est ici, je l'avoue, que j'éprouve un peu d'embarras à vous satisfaire. Tout ce que je vous ai dit jusqu'à présent s'accordait à merveille avec vos sens et vos idées, ou du moins ne contrarirait que votre inexpérience : ce qui me reste à vous annoncer contredit tout absolument ; et j'ai besoin de la confiance que je vous ai inspirée pour vous préparer à changer d'oppinion. Tous les peuples de l'antiquité, même les plus éclairés, excepté un ancien philosophe et ses disciples, ont crut que le soleil tournait autour de la terre ; tous les plus grands philosophes modernes, sans exception, le croyaient aussi, il n'y a pas plus de deux cent quarante ans ; tous les enfants le croient encore aujourd'hui sur la foi de leurs mies et de leurs bonnes ; et tout le peuple ignorant et grossier le croira toujours. Les expressions ordinaires du lever, de l'élévation et du coucher du soleil, employées dans l'usage familier, même par les astronomes, pour s'accommoder aux idées du peuple, ont contribué à entretenir cette erreur. Il faut convenir que le premier témoignage de nos yeux lui est aussi favorable. Comment se douter que la terre tourne autour du soleil, tandis qu'on le voit au niveau de sno pieds le matin, à midi sur nos têtes, le soir encore à nos pieds, et qu'il doit, selon toute apparence, se trouver la nuit par-dessous ? Mais, dites-moi, je vous prie, si vous n'aviez pas vu les arbres trop bien affermis sur le rivage pour bouger légèrement, n'auriez-vous pas cru mille fois, en descendant la rivière dans un bateau, que les uns s'enfuyaient derrière vous, et que les autres accouraient à votre rencontre ? Lorsqu'on faisait faire un demi-tour au bateau pour aborder, n'auriez-vous pas cru que le rivage lui-même tournait autour de vous, si vous ne l'aviez pas jugé plus tenace encore que les arbres? Vous sentez donc que nos yeux peuvent nous en imposer sur les apparences des choses. Il était peut-être permis d'en être dupe avant l'invention du télescope. Les anciens ignorant la véritable grandeur du soleil, et la jugeant beaucoup moins considérable que celle de la terre, s'applaudissaient de leur sagesse en le faisant tourner autour d'elle. Mais si la terre est plus de quatorze cent mille fois plus petite, comme cela est démontré sans réplique, ne serons-nous pas plus sages, à notre tour, de rendre immobile au centre de notre monde, et de la faire tourner, dans l'espace d'une année, autour de lui, en tournant chaque jour sur elle-même? Si nous devons nous former les idées les plus simples de l'ordre de la nature, que diriez-vous d'un architecte qui aurait la bizarrerie de construire la cheminée de la cuisine de manière que le foyer tournât autour du gigot que l'on voudrait faire cuire à la broche? Mais de plus, il est certain, par des observations invariables, que c'est le gigot qui tourne devant le foyer; je veux dire la terre autour du soleil. Je vous en promets les preuves les plus évidentes quand vous serez un peu plus en état de les saisir. Tout ce que je vous demande à présent est vous prêter du moins à ce système comme à une supposition, pour me mettre en état de vous conduire aux preuves qui doivent en établir dans votre esprit l'incontestable vérité.

Je croyais avoir terminé la partie la plus difficile de mon entreprise; mais voilà des étoiles qui viennent me jeter dans un nouvel embarras. Puisque nous sommes sur le chemin des grandes vérités, il faut aller plus loin, et vous dire que cette voûte céleste ne tourne pas plus que le soleil autour de la terre, et que c'est la terre au contraire qui, tournant sur elle-même en vingt-quatre heures, s'imagine que les étoiles font dans le même temps cette révolution. Cela serait aussi un peu trop exigeant de sa part; car il faudrait, pour obéir ponctuellement à ses ordres, qu'elles fissent quarante-neuf millions de lieues par seconde; ce qui surpasse tant soit peu la grande vîtesse de nos messageries, et même de nos chemins de fer.

Si la terre a besoin de la chaleur et de la lumière du soleil, il est de toute bienséance qu'elle se donne la peine de tourner autour de lui et sur elle-même pour les recevoir, d'autant mieux que, par la même occasion, et sans faire sa pirouette plus vite, elle peut jouir du plaisir de promener successivement ses regards sur la douce illumination des étoiles, bien qu'elles lui soient tout-à-fait étrangères. Mais je commence à sentir que la soirée devient un peu fraîche. Je crois qu'il serait à propos de rentrer au logis pour continuer cet entretien.

Nous voilà un peu remis de la fatigue de notre promenade. Sonnez, je vous prie, Henri, pour qu'on nous donne des lumières, et vous, Charlotte, apportez ici votre globe.

Je vous ai dit que le soleil demeure toujours constamment à la même place, et que la terre décrit un grand cercle autour de lui chaque année, en tournant chaque jour sur elle-même. Il vous paraît difficile de concevoir qu'elle puisse se livrer à ces deux mouvements à la fois. Comment donc? qui vous empêcherait de tourner tout autour de la chambre en pirouettant? Si vous faisiez ce tour en trois cent soixante-cinq pirouettes, le grand cercle que vous décririez représenterait le mouvement annuel de la terre, et chaque pirouette, son mouvement journalier. Si ce flambeau était placé au milieu du cercle, n'est-il pas vrai qu'à chaque demi

pirouette vous le verriez ou le perdriez de vue, selon que vous
lui tourneriez le visage ou le dos? Cette alternative peut vous
donner une idée de la manière dont la terre reçoit tour à tour la
lumière du jour et l'obscurité de la nuit. Appliquons cette expérience à notre globe. Je vais piquer une épingle blanche sur cette
moitié qu'il présente au flambeau, et une épingle noire sur l'autre
qu'il lui dérobe. Si je tourne le globe, cette partie où est l'épingle
noire, et qui est maintenant dans l'obscurité, va s'éclairer; et celle
où est l'épingle blanche, et qui est maintenant éclairée, va se
cacher dans l'obscurité. C'est une image fidèle de ce qui arrive à
la terre chaque jour et chaque nuit. Chaque pays, à mesure qu'il
se tourne vers le soleil, reçoit la lumière de ses rayons, et, à
mesure qu'il s'en détourne, rentre dans l'obscurité des ténèbres.
Par ce moyen, toutes les parties de la terre ont, l'une après
l'autre, la chaleur du jour pour les échauffer et mûrir leurs productions, et les douces rosées de la nuit pour humecter le sol
brûlant et l'air embrasé, rafraîchir les plantes, les animaux et les
hommes. Les parties de la terre qui sont représentées autour de
ces deux points, où la branche de fer qui traverse le globe en
sort sont appelées les pôles du Sud et du Nord. Ce sont des places
très froides, attendu que le soleil ne s'y laisse pas voir pendant
plusieurs mois; mais, en revanche, après cette longue nuit, on
est plusieurs mois sans le perdre de vue; en sorte que l'année se
partage, pour les habitants de ces lieux, en un seul jour de six
mois et une seule nuit de la même durée. On vous en fera sentir
la raison lorsque vous apprendrez à connaître en détail les usages
du globe. Vous plaignez les pauvres gens qui vivent dans ces contrées: en effet, le séjour du pays que nous habitons me paraît

infiniment préférable. Je vous dirai seulement, afin d'adoucir les regrets que leur sort vous inspire, que l'absence du soleil n'est pas un si grand malheur pour eux qu'il le serait pour nous, s'il venait tout-à-coup à nous priver, pendant six mois, de ses bienfaits. Les productions de ces contrées sont différentes de celles de notre pays, et sont formées par la nature de manière à croître sous ce climat. Les habitants sont peut-être aussi heureux que nous avec des plaisirs différents. Ils travaillent d'un grand courage pendant leur été, à dessein de ramasser des provisions pour leur hiver; et alors ils dansent et chantent à la lueur des torches, comme nos gens de la compagne aux doux rayons du soleil.

Je crois lire sur votre physionomie, Henri, que vous n'êtes pas bien pleinement satisfait de ma démonstration. Voyons, je serais bien aise de savoir ce qui vous embarrasse. Oh! je m'en doutais. Vous pensez que, si la terre tourne ainsi sur elle-même, les gens qui sont sous nos pieds, de l'autre côté du globe, doivent s'éloigner d'elle et tomber vers les cieux qui l'enveloppent de toutes parts. Je me réjouis de ce que vous m'avez fait connaître vos doutes, pour me mettre en état de les dissiper. Supposons que ce globe, au lieu d'être de carton, soit d'aimant, comme la petite pierre que je vous ai donnée : n'est-il pas vrai que, si vous lui présentez un morceau de fer, soit en haut, soit en bas, il ne manquera pas de l'attirer, et que le globe d'aimant aura beau tourner sur lui-même, le morceau de fer ne s'en détachera plus, soit que la partie à laquelle il tient s'élève, soit qu'elle s'abaisse? Il est vrai, dites-vous; mais c'est parce que l'aimant attire le fer. Eh bien, mon petit ami, vous venez de résoudre vous-même la difficulté.

Nous sommes portés vers la terre par une sorte d'attraction, comme le fer est porté vers l'aimant. Il n'y a pas d'autre en-bas pour le fer que le centre de la boule d'aimant vers lequel il est attiré; comme il n'y a d'autre en-bas pour nous que le centre de la terre qui nous attire. Vous aurez donc beau faire tourner le globe, nous serons toujours sur nos pieds, tant qu'ils seront dirigés vers le centre de la terre, comme ils le sont sur chaque point de sa surface. Posez une aiguille sur votre aimant, et faites-le tourner ensuite entre vos doigts. Voilà l'aiguille au-dessous; cependant elle ne tombe point. Essayez de l'en séparer, elle résiste. Vous en êtes pourtant venu à bout. Rendez-lui maintenant sa liberté; elle retourne à l'aimant, et, quoique de bas en haut, retombe vers lui.

Il en serait de même dans cette partie du globe que vous appelez au-dessous. Si je vous séparais de la terre, et que je vous abandonnasse à vous-même, vous y retomberiez comme ici. L'aiguille n'a pas de vie, et par conséquent ne peut se mouvoir autour de l'aimant; ainsi une pierre inanimée ne se meut pas d'elle-même sur la terre.

L'homme et les animaux qui sont vivans, peuvent au con-

traire se mouvoir sur le globe, malgré la force qui les porte vers son centre, parce qu'étant également éloignés de ce point, une partie de la surface ne les attire pas plus que l'autre.

Lorsque l'on monte à cheval; on ne laisse pas que d'être toujours attiré vers la terre; mais on n'y tombe point, parce que le corps du cheval, en vous soutenant, vous en sépare, et qu'il est impossible de tomber à travers un cheval; mais, si un de ses soubrisauts vous fait perdre la selle, on tombe à terre immédiatement.

Vous vous étonnez de ce que nous ne sentons pas le mouvement de la terre : je vous dirai d'abord que, quoiqu'elle soit emportée d'un cours très rapide, ce mouvement doit nous paraître insensible, parce que, ne trouvant point de résistance, elle ne doit point éprouver de secousse, et qu'il nous est souvent arrivé de ne point sentir le mouvement d'un bateau lorsqu'il suit le fil du courant. D'ailleurs, pensez-vous qu'un ciron, posé sur une boule aussi grosse que le Louvre, qui tournerait sans cahotement sur elle-même, pût sentir cette rotation? Je ne le crois pas. Comme rien ne changerait autour de lui, et que tous les objets à a portée de sa vue resteraient à la même place sur la boule, il devrait naturellement la juger immobile. Nous devons, par la même raison, ne pas nous apercevoir du mouvement de notre globe, tout ce qui nous environne sur sa surface étant emporté de la même vitesse que nous-mêmes.

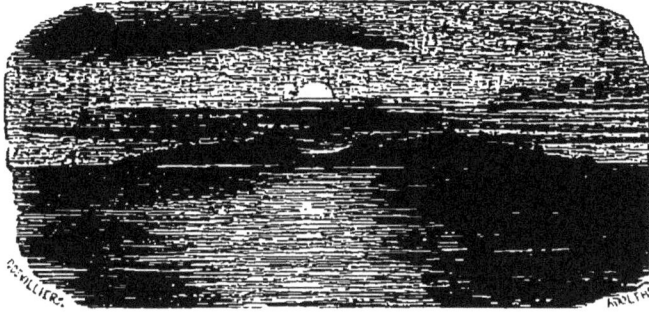

LA LUNE.

J e ne dois pas, en vous faisant tourner vos pensées vers les cieux, oublier de vous parler de la lune, compagne fidèle de la terre, qui tourne autour d'elle, en la suivant dans sa course autour du soleil, et l'éclaire en l'absence du jour. Elle n'est pas un globe de feu comme le soleil; mais elle reçoit de lui toute la lumière qu'elle envoie vers nous. On suppose qu'elle est à peu près de la même nature que la terre sur laquelle nous vivons, mais cinquante fois plus petite. Ses habitants, s'il est vrai qu'elle soit peuplée, reçoivent comme nous la lumière du soleil, et retirent les mêmes avantages de sa chaleur e tde ses rayons vivifiants. Si nous étions transportés sur sa surface la terre, de ce point, nous paraîtrait comme une lune, excepté seulement qu'elle serait beaucoup plus grande, et par conséquent, elle nous réfléchirait avec plus d'éclat les rayons qu'elle reçoit du soleil. La terre et la lune ont, l'une et l'autre trop d'épaisseur pour que le soleil puisse les traverser de sa lumière; il ne peut qu'en faire briller la surface, comme le flambeau fait briller la surface de tous les objets qu'il éclaire, et qui, sans lui, se déroberaient à nos regards dans la profondeur des ténèbres.

Prenez ma montre, Henri, et portez-là dans un endroit obscur : on ne la verra point : que le flambeau brille sur elle, vous la verrez aussitôt paraître reluisante, parce qu'elle reçoit sa lumière. Il en est ainsi de la lune. Nous voyons reluire cette partie de sa surface sur laquelle brille le soleil. Tantôt nous la voyons sous la forme d'un très petit croissant, et tantôt dans toute la plénitude de sa rondeur. Ce n'est pas que le soleil ne brille toujours sur toute une de ses moitiés à la fois; mais il arrive qu'une partie de cette moitié se dérobe à nos regards. Je puis vous le faire comprendre par le secours du globe, plus aisément que par aucune figure que je pourrais vous tracer.

Supposons que ce flambeau soit le soleil, ce globe, la lune, et que votre tête, Henri, soit la terre. Tandis que la terre tourne autour du soleil, la lune tourne autour de la terre, et à peu près dans le même plan. Il est donc clair que tantôt la lune doit se trouver entre le soleil et la terre, et tantôt la terre entre le soleil et la lune. Il est facile de vous représenter ces mouvements. Plaçons d'abord la lune entre le soleil et la terre, c'est-à-dire, le globe entre le flambeau et vous. Telle est la situation de la lune lorsqu'elle est nouvelle. Toute la moitié du globe éclairée par le flambeau est tournée vers lui; ainsi vous ne pouvez l'apercevoir.

Toute la moitié obscure est tournée vers vous; ainsi vous ne pouvez pas la voir davantage. Aussi la lune nouvelle se dérobe-t-elle toujours à nos yeux.

Si je détourne un peu le globe à votre gauche, vous commencez à en apercevoir une petite partie éclairée, sous la forme d'un croissant qui s'agrandit peu à peu, jusqu'à ce que le globe soit parvenu à un quart du cercle que je lui fais décrire autour de vous. Tournez la tête sur votre épaule gauche, vous voyez déjà la moitié de sa moitié qui est éclairée; voilà le premier quartier.

Ce quartier s'agrandit par degrés à son tour, jusqu'à ce que le globe soit parvenu derrière vous. Tournez le dos au flambeau, vous voyez toute la moitié du globe éclairée, parce que toute cette moitié est tournée vers vous en même temps qu'elle regarde le flambeau; c'est ce qu'on appelle pleine lune.

Tandis que le globe continue son cercle, sa moitié éclairée décroît peu à peu à vos yeux de la même manière qu'elle s'est agrandie; ce qui produit ce qu'on nomme le décours de la lune. Vous voyez encore le globe se présenter aux trois quarts de sa moitié éclairée, puis à la moitié de cette moitié; voilà le dernier quartier.

Vous voyez ce quartier ne former bientôt qu'un croissant, et enfin se dérober à vos regards, lorsque le globe redevient nouvelle lune, c'est-à-dire, dès qu'il revient au point d'où il est parti quand je lui ai fait commencer à décrire son cercle autour de vous, c'est-à-dire entre le flambeau et votre tête.

La lune emploie vingt-sept jours sept heures quarante-trois minutes à tourner autour de la terre, et un pareil espace de temps à tourner sur elle-même.

A l'œil nu vous ne voyez dans la lune qu'une grosse étoile, mais le pouvoir extraordinaire du télescope permet de distinguer parfaitement sur la lune une multitude de tâches plus ou moins brillantes et de figures très diverses que l'on reconnaît pour des montagnes et des vallées. On est parvenu à mesurer la hauteur de ces montagnes ; il y en a une à qui on donne trois lieues de hauteur. On a dressé une carte de la lune, qu'on appelle *Silinographie*. La voici d'après les meilleurs astronomes Riccioli, Hivélius, Cassini etc. ; tous les principaux points qu'on y remarque ont des noms différents, on vous les apprendra plus tard.

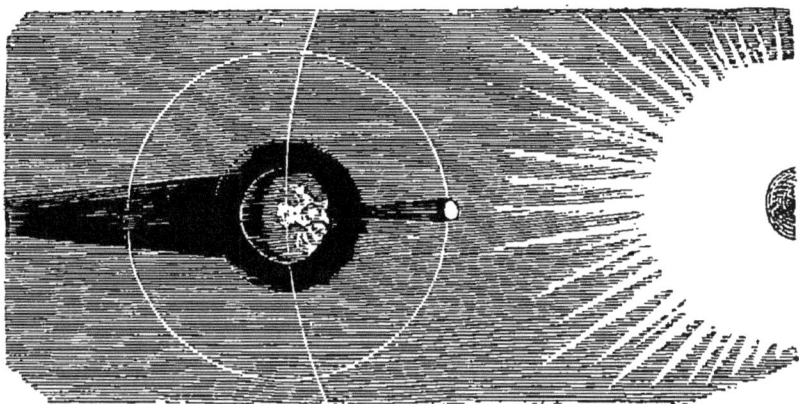

LES ECLIPSES.

Les éclipses de soleil et de lune, que j'ai toujours pris soin de vous faire observer, sont occasionnées par la révolution de la lune autour de la terre.

Le soleil est éclipsé à nos yeux lorsque la lune se trouve exactement entre lui et la terre. Par ce que je viens de vous démontrer, vous comprenez aisément que les éclipses de soleil ne peuvent arriver que dans la nouvelle lune, parce que c'est le seul temps où la lune soit entre le soleil et la terre.

La lune est éclipsée à nos yeux lorsque la terre se trouve entre elle et le soleil ; et vous sentez également que les éclipses de lune ne peuvent arriver que lorsqu'elle est à son plein, parce que c'est le seul temps où la terre se trouve entre le soleil et la lune. Chaque nouvelle lune amènerait une éclipse de soleil, et chaque pleine lune une éclipse de lune, si le soleil, la lune et la terre, ou le soleil, la terre et la lune se trouvaient toujours alors exactement dans la même ligne; mais comme la lune se trouve tantôt au-dessus, tantôt au-dessous de cette direction, les éclipses ne peuvent arriver à chaque lune pleine ou nouvelle.

Supposons encore que le flambeau, le globe et votre tête, Henri, représentent les mêmes objets que tout à l'heure; je puis aisément vous faire une éclipse de soleil en plaçant le globe qui est la lune, entre le flambeau qui est le soleil, et votre tête qui est la terre, puisque vous vous trouvez alors tous les trois dans la même ligne, et que le globe vous cache le flambeau. Mais si j'élève un peu le globe au-dessus de cette direction, il se trouvera bien entre le flambeau et vous, mais il ne pourra vous le cacher, puisque vous cessez d'être tous les trois dans la même ligne, et que l'ombre du globe passe au-dessus de votre tête.

Je puis de même vous faire une éclipse de lune en plaçant votre tête qui est la terre, entre le flambeau qui est le soleil, et le globe qui est la lune, puisque vous vous trouvez alors tous les trois dans la même ligne, et que votre tête cache au globe le flambeau. Mais si je vous faisais un peu baisser la tête au-dessous de cette direction, votre tête se trouverait bien entre le flambeau et le globe, mais elle ne pourrait cacher au globe le flambeau, puisque vous cessez d'être tous les trois dans la même ligne, et que l'ombre de votre tête, qui se répandait tout à l'heure sur le globe, passe maintenant au-dessous.

Je n'ai pu vous donner ici qu'une image imparfaite et gros-
sière, soit de la révolution de la terre autour du soleil et de celle
de la lune autour de la terre, soit des éclipses qui en résultent,
parce qu'il aurait fallu prendre les choses de plus loin. Dans nos
entretiens suivants, vous y trouverez des détails plus exacts et
plus étendus sur ces phénomènes, et vous en sentirez en même
temps les causes et les effets. C'est là que vous apprendrez comment tout se combine et s'accorde dans la marche invariable des
corps célestes; comment l'homme a su démêler toute la compli-
cation de leurs mouvements, et les calculer avec précision; par
quel mélange de conjectures ingénieuses, d'analogies sensibles et
d'observations sûres, il a su tracer leurs cours, mesurer leurs
distances, et déterminer jusqu'à leurs influences mutuelles dans
leur immense éloignement. Dans quelque temps, je vous ferai lire
un petit ouvrage que je vous prépare sur le *Système du monde*.

LES PLANÈTES.

La terre n'est pas le seul corps qui fasse une révolution autour du soleil pour en recevoir la lumière. Il en est d'autres qu'on nomme planètes, comme elle, c'est-à-dire astres errans, parce que, malgré la régularité de leurs mouvements, ils changent continuellement de place, soit entre eux, soit par rapport aux étoiles fixes, dans la course qu'ils font autour du soleil, placé au milieu des orbites qu'ils parcourent les uns au-dessus des autres.

On compte dix-sept planètes, dont voici l'ordre : Mercure, Vénus, la Terre, Mars, Flore, Vesta, Iris, Hébé, Métis, Astrée, Junon, Cérès, Pallas, Jupiter, Saturne, Uranus et Neptune. Nous allons parler des plus importantes.

MERCURE.

Mercure, la planète la plus voisine du soleil, est la plus petite de toutes, et celle dont la révolution se fait en moins de temps. Elle n'y emploie que quatre-vingt-huit jours.

Elle est quinze fois moins grosse que la terre, et sa moyenne distance en est de trente-quatre millions trois cent quatre cinquante-sept mille cent quatre-vingts lieues. On n'a pu découvrir encore si Mercure tourne sur lui-même tandis qu'il tourne autour du soleil. Quoiqu'il brille plus que les autres planètes, il est plus difficile de le voir, parce que sa trop grande proximité de l'astre de la lumière fait qu'il est presque toujours perdu dans l'éclat de de ses rayons. On ne le voit que comme un point obscur sur la face du soleil.

VÉNUS.

Vénus, que nous appelons tour-à-tour, par excellence, l'étoile du matin et du soir, se voit un peu avant le lever du soleil, ou un peu après son coucher. Sa juste proximité de l'astre du jour et les inégalités de sa surface, propres à réfléchir de tous côtés la lumière qu'elle en reçoit, la font scintiller comme les étoiles. Elle est plus petite d'un neuvième que la terre; et sa distance moyenne en est, comme celle de Mercure, de trente-quatre millions trois cent cinquante-sept mille quatre cent quatre-vingts lieues. Le temps de sa rotation sur elle-même est de vingt-trois heures vingt minutes, et celui de sa révolution autour du soleil de deux cent vingt-quatre jours quinze heures. Avec une lunette de seize pieds on la voit trois fois plus grande que la lune dans son plein, à la simple vue. Vous apprendrez un jour, avec autant de plaisir que de surprise, de quelle utilité pour nous est l'observation de son cours. Ces deux planètes sont appelées inférieures parce que leurs orbites sont placés entre la terre et le centre commun.

LA TERRE.

Je vous ai déjà parlé de la révolution que la terre fait autour du soleil; il me suffira d'ajouter qu'elle y emploie trois cent soixante-cinq jours cinq heures quarante-neuf minutes, tandis qu'elle emploie vingt-quatre heures à tourner sur elle-même, c'est-à-dire à présenter successivement au soleil les différentes parties de sa surface. On estime sa distance moyenne du soleil trente-quatre millions trois cent cinquante-sept mille quatre cent quatre-vingts lieues, et sa distance moyenne de la lune quatre-vingt-six mille trois cent vingt-quatre lieues (*).

Quant à sa mesure, on compte qu'elle a deux mille huit cent soixante-cinq lieues de diamètre, c'est-à-dire d'un point de sa surface à un autre, en passant par le centre, et neuf mille lieues de circonférence ou de tour.

Pour ce qui regarde sa figure et les mesures que l'on a prises pour la déterminer, ainsi que sa distance des corps célestes, la vicissitude des saisons qu'elle éprouve, l'inégalité de ses jours et de ses nuits, etc., tout cela, dis-je, vous sera expliqué avec le plus grand détail dans *le Système du monde;* et l'on tâchera de vous les présenter de la manière la plus propre à vous intéresser, soit par la clarté, la précision et la méthode, soit par le choix des images et des comparaisons empruntées des objets les plus sensibles, et qui vous sont les plus familiers.

(*) Il est nécessaire de prévenir que les lieues dont ou parle dans toute la suite de cet entretien sont de 2282 toises ou de 25 au degré.

MARS.

Mars est beaucoup moins gros que la terre, puisqu'il n'a que les trois cinquièmes de son diamètre. Il parcourt son orbite autour du soleil en une année trois cent vingt-un jours vingt-trois heures et demie, et tourne sur lui-même en vingt-quatre heures quarante minutes. Sa distance moyenne de la terre est de cent cinquante-deux millions trois cent cinquante mille deux cent quarante lieues. Il est un point de son orbite où il se trouve de soixante-huit millions de lieues plus près de nous que dans le point opposé; aussi paraît-il alors presque sept fois plus gros que dans son plus grand éloignement. On y découvre quelquefois des bandes, les unes obscures, qui absorbent les rayons du soleil, les autres claires, mais qui nous renvoient une lumière rougeâtre. Dans sa plus grande et sa plus petite distance de la terre, il nous présente une de ses moitiés éclairée tout entière par le soleil; mais dans ses quartiers, on le voit s'agrandir et décroître comme Vénus, toutefois sans paraître jamais, comme elle, sous la forme d'un croissant; ce qui sera facile à vous expliquer.

FLORE, VESTA, IRIS, HÉBÉ, MÉTIS, ASTRÉE, JUNON, CÉRÈS, PALLAS.

Ces neuf planètes ont été nouvellement découvertes, elles sont très petites, relativement aux autres; elles sont toutes placées entre l'orbe de Mars et celui de Jupiter. On les appelle télescopiques, parce qu'elles ne sont visibles qu'à l'aide d'un télescope.

JUPITER.

Jupiter, la plus considérable des planètes, est treize cents fois environ plus gros que la terre. Il tourne sur lui-même en neuf heures cinquante-six minutes, et emploie onze ans et trois cent quinze jours huit heures à faire sa révolution autour du soleil. Sa distance moyenne de la terre est de cent soixante dix-huit millions six cent quatre-vingt-douze mille cinq cent cinquante lieues. Il est accompagné de quatre lunes, qu'on appelle satellites, qui font leur révolution autour de lui comme la lune autour de la terre. Ces satellites sont sujets entre eux, et de la part de leur planète, à plusieurs éclipses qui ont été du plus grand secours pour avancer les progrès de la géographie, et pour déterminer la nature du mouvement de la lumière et les degrés de sa vitesse.

Les satellites de Jupiter ont été découverts par Galilée, célèbre astronome florentin.

La découverte de la vitesse de la lumière, l'une des plus belles et des plus importantes de la physique et de l'astronomie, est due à Rœmes, astronome danois. C'est lui qui découvrit que la lumière nous parvient en 8' 13'', en sorte qu'elle parcourt environ 67,000 lieues par seconde, vitesse prodigieuse, dont vous vous ferez une idée en réfléchissant qu'il faudrait plus de trente-deux ans à un boulet de canon pour parcourir ce même espace que la lumière franchit en 8 minutes 13 secondes.

TABLEAU
INDIQUANT LA ROTATION DES PLANÈTES AUTOUR DU SOLEIL.

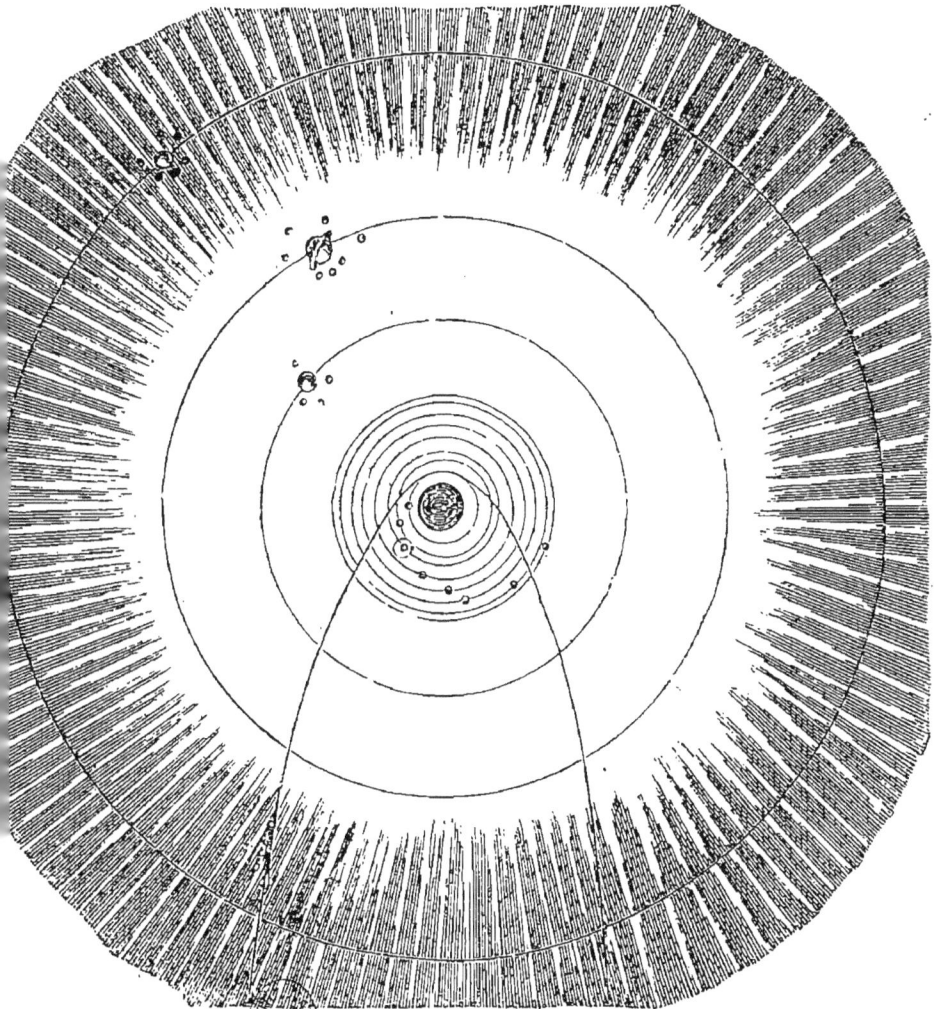

EXPLICATIONS.

es planètes les plus près du soleil sont :
1° MERCURE.
2° VÉNUS.
3° LA TERRE,
avec son satellite la lune.
4° MARS.
5° VESTA.
6° JURON
7° CÉRÈS.

8° PALLAS.
et les autres planètes télescopiques qui ne sont pas indiqués sur ce plan :
FLORE, IRIS, HÉBÉ, MÉTIS et ASTRÉE.
9° JUPITER,
avec ses quatres lunes ou satellites.
10° SATURNE,
avec ses cinq satellites.
11° URANUS ou HERSCHELL.

La ligne ovale ou elliptique indique le mouvement que font les comètes autour du soleil.

S

SATURNE.

Saturne, jusqu'à la découverte de la planète d'Herschell, a passé pour la planète la plus éloignée de nous ainsi que du soleil. Sa révolution autour de lui est de vingt-neuf années et cent soixante-dix-sept jours. Il est environ mille fois plus gros que la terre, et sa distance moyenne en est de trois cent vingt-sept millions sept cent quarante-huit mille sept cent vingt lieues. On n'a pu encore découvrir de lui, non plus que de Mercure, s'il a un mouvement de rotation sur lui-même ; il a, comme Jupiter, des satellites qui l'accompagnent, au nombre de cinq, que l'on a découverts successivement. Outre ses satellites, Saturne est environné d'un anneau qui lui forme une large ceinture, mais sans le toucher en aucun point, puisqu'à travers l'intervalle qui les sépare on peut apercevoir des étoiles fixes. Cet anneau, suivant les différentes positions qu'il prend autour de Saturne, le fait paraître à nos yeux sous divers aspects singuliers dont on aura soin de vous donner la peinture et l'explication.

URANUS OU HERSCHELL.

Cette planète vient de faire perdre à Saturne le poste qu'on lui supposait aux dernières limites du monde planétaire. C'est elle qui renferme à présent toutes les autres planètes, et Saturne lui-même, dans son immense orbite. C'est le 13 et le 17 mars 1781 que M. Herschell l'a observée à Bath, ville d'Angleterre. Confondue parmi les étoiles fixes, il ne l'a reconnue que par son mouvement, qui est d'une extrême lenteur. Sur ce qu'on en a pu observer dans une très petite partie de son cours, on la suppose deux fois plus éloignée du soleil que Saturne, et sa révolution autour de lui de près de quatre-vingt-dix ans. La ressemblance de sa lumière avec celle des plus petites étoiles avait fait méconnaître son véritable caractère ; et nous ne la devons qu'aux observations infatigables de M. Herschell, et à la bonté de ses instruments, qu'il fabriquait lui-même avec une constance et un génie qui lui ont valu un nom dans les cieux.

La découverte de cette planète jettera sans doute un nouveau jour sur notre système, en reculant ses bornes si avant dans la profondeur de l'espace.

LES ÉTOILES FIXES.

Les étoiles fixes sont ces astres étincelants et lumineux qui, dans la sérénité d'une belle nuit, nous paraissent répandus de tous côtés dans les régions sans bornes de l'espace céleste. On les appelle fixes, parce qu'on a remarqué qu'elles gardaient toujours entre elles la même distance, depuis l'origine des siècles, sans avoir aucun des mouvements observés dans les planètes. Elles doivent être placées à un éloignement bien prodigieux, puisque non seulement Saturne, dont la

distance de la terre est de près de trois cent vingt-huit millions
de lieues les éclipses mais encore que le télescope, qui grossit
deux cents fois le disque apparent de Saturne, en produisant le
même effet sur les étoiles, ne nous les représente cependant que
comme un point presque insensible, parce qu'il les dépouille en
même temps de ce rayonnement et de cette scintillation sans lesquels elles seraient invisibles à nos regards; en sorte que l'on soup-
çonne la distance de Sirius, la plus brillante des étoiles fixes, et à
qui l'on donne un diamètre de trente-trois millions de lieues, capable, s'il était entre la terre et le soleil, de remplir l'intervalle
qui les sépare, et de les toucher presque l'un et l'autre par ses
points opposés, d'être quatre cent mille fois plus grande que celle
de la terre au soleil (*).

Une autre preuve de l'éloignement incompréhensible des étoiles
fixes, c'est que, quoiqu'en un temps de l'année, la terre, dans un
point de son orbite, soit d'environ soixante-six millions de lieues
plus près de certaines étoiles fixes que dans le point opposé; cependant, malgré ce rapprochement considérable, la grandeur ou
la position de ces étoiles n'en est pas variée, de manière que cet
immense orbite n'est qu'un point dans la mesure de la distance,
et que nous pouvons toujours nous supposer dans le même centre
des cieux, puisque nous avons toujours le même aspect sensible
des étoiles, sans aucune altération.

(*) Telle est aussi l'opinion de M. Euler. Quelque prodigieuse, dit-il, que nous paraisse la distance du
soleil, dont les rayons nous parviennent cependant en huit minutes, l'étoile fixe, la plus près de nous, en
est pourtant plus de quatre cent mille fois plus éloignée que le soleil. Un rayon de lumière qui part de cette
étoile emploiera donc un temps de quatre cent mille fois huit minutes à parvenir jusqu'à nous; ce qui fait
cinquante-trois mille trois cent trente-trois heures, ou deux mille deux cent vingt-deux jours, à peu près
dix ans. Il y a donc six ans que les rayons de l'étoile fixe, même la plus brillante, et probablement la plus
proche, qui entrent dans nos yeux pour y représenter cette étoile en sont partis, et ont employé un temps
si long pour parvenir jusqu'à nous.

Si un homme pouvait se placer aussi près de quelque étoile fixe que nous le sommes du soleil, il verrait sans doute cette étoile de la même grandeur, et sous la même forme que le soleil paraît à nos yeux; et le soleil, à son tour, ne lui paraîtrait pas plus grand que nous ne voyons actuellement cette étoile; et en comptant de là les étoiles fixes les plus reculées, il ferait entrer notre soleil dans leur nombre, sans être désormais capable de le distinguer.

Il est évident par là que toutes les étoiles fixes sont autant de soleils qui brillent par leur lumière propre et naturelle. Des corps qui ne feraient que nous réfléchir une lumière empruntée n'auraient, à une distance si prodigieuse, ni scintillation, ni rayonnement, puisque la lune, qui n'est éloignée de nous que d'environ quatre-vingt six mille lieues, n'en a point; et il nous serait impossible de les apercevoir, puisque les satellites de Jupiter et de Saturne sont invisibles à la simple vue.

Nous n'avons aucune raison de supposer, dit le célèbre d'Alembert, que les étoiles soient dans une même surface sphérique du ciel; car sans cela, elles seraient toutes à la même distance du soleil, et différemment distantes entre elles, comme elles nous le paraissent. Or, pourquoi cette régularité d'une part, et cette irrégularité de l'autre? Il me paraît en effet plus raisonnable de penser qu'elles sont répandues de toutes parts dans l'espace illimité du grand univers, et qu'il peut y avoir un aussi grand intervalle entre elles dans la profondeur reculée des cieux, qu'entre notre soleil et une étoile fixe. Si elles nous paraissent de différentes grandeurs, ce n'est peut-être pas qu'elles soient ainsi réellement; c'est qu'elles sont à des distances inégales de nous : celles qui sont plus proches surpassent en éclat et en grandeur apparente, celles qui sont plus éloignées, dont la lumière par conséquent, doit être moins vive, et qui doivent paraître plus petites à nos regards.

Les astronomes distribuent les étoiles en différentes classes. Celles qui nous paraissent les plus grandes et les plus brillantes sont appelées étoiles de la première grandeur. Celles qui en approchent le plus pour l'éclat et la masse sont appelées étoiles de la seconde grandeur, et ainsi de suite jusqu'à ce que nous arrivions aux étoiles de la sixième grandeur, qui sont les plus petites qu'on puisse observer à la simple vue.

Il y a un grand nombre d'étoiles qu'on découvre à l'aide du télescope ; mais elles ne sont point rangées dans l'ordre des six classes, et on les appelle seulement étoiles télescopiques. On n'y a pas fait entrer non plus celles qui ne sont distinguées qu'avec peine, et qui paraissent sous la forme de petits nuages brillants. On les appelle étoiles nébuleuses. On croit que ce sont des amas de petites étoiles fort éloignées.

Il faut observer que, quoique l'on ait compris dans l'une des classes toutes les étoiles qui sont visibles à l'œil, il ne s'ensuit pas que toutes les étoiles répondent réellement à l'une ou à l'autre de ces classes. Il peut y avoir autant de classes d'étoiles que d'étoiles même, peu d'entre elles paraissant être de la même grandeur et du même éclat.

Les anciens astronomes, afin de pouvoir distinguer les étoiles par rapport à leur position respective, ont divisé tout le firmament en constellations ou assemblages d'étoiles, composés de celles qui sont près l'une de l'autre. On les rapporte à la forme de quelques animaux, tels que des lions, des serpents, des ours, ou à l'image de quelques objets familiers, comme une couronne, une harpe, un triangle, et on leur en donne le nom ; quoiqu'elles ne représentent nullement ces figures.

Les deux tableaux suivants présentent l'ensemble des diverses constellations. On les appelle *Hémisphères*. Je vais vous décrire le nombre d'étoiles que contient chacune des constellations. Vous reconnaîtrez facilement les constellations à leur forme.

Hémisphère boréal.

Le Bélier contient 42 étoiles ; — le Taureau, 207 ; — le

Gémeaux, 64 ; — l'Écrevisse, 85 ; — le Lion, 95 ; — la
Vierge, 117 ; — la Petite-Ourse, 22 ; — la Grande-Ourse,
87 ; — le Dragon, 85 ; — le Bouvrier, 70 ; — le Serpent,
64 ; — Hercule, 128 ; — le Serpentaire, 85 ; — la Lyre,
21 ; — le Cygne, 85 ; — la Flèche, 18 ; — le Dauphin, 19 ;
— l'Aigle ou le Vautour-Voleur, 26 ; — le Petit-Cheval, 10 ;
— Pégase ou le Grand-Cheval, 94 ; — Céphée, 58 ; — Cas-
siopée, 60 ; — Andromède, 71 ; — le Triangle-Boréal a 15
étoiles ; — Persée, 65 ; — le Cocher et la Chèvre, 69 ; —
Antinoüs, 27 ; — la Chevelure de Bérénice, 43 ; — la couronne boréale est composée de 33 étoiles.

A ces constellations des anciens les modernes en ont ajouté
treize, savoir :

Le Petit Litre, 55 étoiles.

Les Lévriers 38.

Le Sextant d'Hévelius, 54.

Le Rameau de Cerbère, 13.

Le Taureau Royal de Poniatowski, 18.

Le Renard et l'Oie, 34.

Le Lézard Marin, 12.

Le Petit Triangle, 4.

La Mouche ou le Lys, 5.

Le Renne, 12.

Le Messien, 7.

La Girafe, 69.

Le Lynx, 45.

Voici maintenant l'*Hémisphère austral :*

Hémisphère austral.

Les anciens n'y avaient indiqué que 22 Constellations. — La
Balance, 70 étoiles ; — le Scorpion, 60 ; — le Sagittaire, 94 ;

— le Capricorne, 64 ; — le Verseau, 117 ; — les Poissons, 116 ; — la Balance, 102 ; — l'Erivan, 85 ; — Orion, 90 ; — le Lièvre, 20 ; — le petit Chien, 17 ; — le grand Chien, 54 ; — le Vaisseau, 117 ; — l'Hydre femelle, 52 ; — la Coupe, 13 ; — le Corbeau, 10 ; — le Centaure, 48 ; — le Loup, 24 ; — l'Autel, 8 ; — la Couronne aux Rats, 12 ; — le Poisson austral, 32.

A ces Constellations des anciens les modernes en ont ajouté 31 qui ne sont que faiblement indiqués sur l'Hémisphère pour éviter la confusion.

Ce sont : Le Fourneau chimique, 39 étoiles ; — l'Horloge, 24 ; — le Réticule romboïde, 7 ; — le Burin, 14 ; — la Colombe, 2 ; — le Chevalet, 4 ; — la Licorne, 31 ; — le Solitaire, 22 ; — la Boussole, 14 ; — la Machine pneumatique, 22 ; — la Croix australe, 6 ; — la Mouche, 4 ; — le Caméléon, 7 ; — le Poisson volant, 6 ; — le Télescope, 8 ; — la Règle et l'Equerre, 15 ; — le Compas, 2 ; — le Triangle austral, 5 ; — l'Oiseau de Paradis, 4 ; la Montagne de la Table, 6 ; — l'Ecu de Sobieski, 16 ; — l'Indien, 4 ; le Paon, 11 ; — l'Octan, 7 ; — le Microscope, 8 ; — la Grue, 12 ; — le Toucan, 11 ; — l'Hydre mâle, 8 ; — l'Atelier du Sculpteur, 28 ; — le Phénix, 11.

Les anciens avaient arrangé ces constellations dans les cieux, soit pour se retracer le cours des travaux de l'agriculture, soit pour conserver le souvenir d'un événement mémorable, soit pour éterniser le nom de leurs héros, soit enfin pour consacrer les fables de leur religion.

Les astronomes modernes leur ont continué les mêmes noms et es mêmes formes pour éviter la confusion où l'on tomberait en leur en donnant de nouveaux, lorsqu'il s'agirait de comparer les observations modernes avec les anciennes. Je vous ferai connaître dans un autre temps ces vieilles constellations et celles qu'on leur a ajoutées de nos jours.

Elles ne feraient maintenant que surcharger votre mémoire et y jeter de l'embarras.

Quelques-unes des principales étoiles ont des noms particuliers, comme Sirius, Arcturus, Aldébaran, etc ; il y en a aussi d'autres qu'on n'a pas fait entrer dans les constellations, et qu'on appelle étoiles informes.

Outre les étoiles qu'on aperçoit à la simple vue, il y a un espace très remarquable dans les cieux, connu sous le nom de voie lactée. C'est cette large bande d'une couleur blanchâtre qui paraît se dérouler autour du firmament comme une ceinture : elle est formée d'un nombre infini de petites étoiles, trop éloignées de nous pour être vues séparément, mais dont la lumière réunie fait distinguer cette partie des cieux qu'elles traversent.

Les places des étoiles fixes, leur situation relative et leur nombre, ont occupé de tout temps les observateurs qui en ont dressé des catalogues. Le premier, qui date de cent vingt ans avant Jésus-Christ, est composé de mille vingt-deux étoiles. Ce catalogue a été souvent augmenté et rectifié par d'habiles astronomes, qui ont porté le nombre des étoiles au-delà de trois mille, en y comprenant celles que le télescope, ignoré des anciens, nous a fait connaître, et que l'on désigne sous le nom d'étoiles de la septième grandeur.

Les observateurs les plus attentifs peuvent à peine compter quatorze cents étoiles visibles à l'œil. Cependant, on serait tenté, dans une belle nuit, de les croire innombrables au premier aspect. C'est une illusion de notre vue qui naît de leur vive scintillation, et de ce que nous les regardons confusément, sans les réduire en aucun ordre. Lorsqu'on les parcourt d'un regard, l'impression des unes subsiste encore au moment où l'on va chercher les autres, et nous les répète. Un bon télescope rectifie les erreurs de notre vue : c'est alors que le spectacle des astres devient plus riche et plus vrai. On les voit, dans une multitude infinie, se répandre de tous côtés dans l'immense étendue des cieux. Telle étoile, qu'on croyait simple et unique, paraît double, et laisse observer entre les deux qui la composent sensiblement, un intervalle que la distance ne permettait pas à nos yeux de voir sans ce secours. On en a observé soixante-dix huit dans la constellation des Pléiades, où la vue n'est pas capable d'en distinguer plus de six ou sept. Je n'ose vous dire quel nombre un observateur affirme en avoir vu dans celle d'Orion.

Les changements qui arrivent dans les corps célestes, quelque insensibles qu'ils soient pour nous à cause de la distance infinie qui nous en sépare, doivent causer dans leurs sphères des révolutions prodigieuses. Chaque siècle semble en amener de nouvelles.

Il est des étoiles dont la lumière, après s'être affaiblie par degrés, s'éteint presque absolument pour briller ensuite d'un plus vif éclat; d'autres qui s'évanouissent pendant quelques mois et reparaissent avec une augmentation ou diminution sensible de grandeur. Un géomètre et un astronome célèbres (MM. d'Alembert et de Lalande), ont formé là-dessus des conjectures très ingénieuses pour appuyer l'opinion générale des philosophes sur l'existence de quelques planètes autour de ces astres, et attribuer ces changements à leur action. Je vous les ferai connaître un jour, ainsi que l'opinion de M. Maupertuis à ce sujet.

On voit plus d'étoiles du côté du nord que du midi; mais la partie méridionale a plus d'étoiles distinguées par leur grandeur et par leur éclat; ce qui rétablit l'équilibre des cieux.

Vous avez peut-être observé vous-mêmes que les étoiles paraissent moins grandes et moins nombreuses dans les nuits d'été que dans les nuits d'hiver; c'est que pendant l'hiver le soleil étant enfoncé plus avant sous l'horizon, l'éclat des étoiles est moins affaibli par les reflets de sa lumière, et que l'air épuré par la gelée intercepte moins de leurs rayons, et laisse parvenir jusqu'à notre œil ceux qui nous viennent des astres les plus éloignés.

Les personnes qui pensent que tous ces corps resplendissans n'ont été créés que pour nous donner une tremblante lueur, dérobée souvent à nos yeux par les moindres nuages, doivent concevoir une idée bien peu relevée de la sagesse divine; car nous recevons plus de lumière de la lune seule que de toutes les étoiles ensemble.

Osons nous former une image plus vaste de la divinité. Puisque les planètes sont sujettes aux mêmes lois de mouvement que notre terre, et que quelques-unes non-seulement l'également mais la surpassent même de beaucoup en étendue, n'est-il pas

raisonnable de penser qu'elles sont toutes des mondes habitables ?
D'un autre côté, puisque les étoiles fixes ne le cèdent ni en grandeur ni en éclat à notre soleil, n'est-il pas probable que chacune
a un système de terres planétaires qui tournent autour d'elles,
comme nous tournons autour de l'astre qui nous donne le jour, et
que leur seul éloignement dérobe à nos regards.

Mais n'allons pas d'abord porter si loin notre vue. Laissons aux
astronomes le soin de perfectionner leurs instruments, et d'agrandir
leurs recherches pour trouver de nouveaux mondes dans les cieux :
renfermons-nous dans le nôtre, entre ces corps soumis comme
nous à l'empire du soleil, et dont l'observation peut être d'une si
grande utilité pour le progrès de nos lumières, appliquées au globe
même que nous ha-
bitons. Les étoiles,
à qui les hommes
ont dû le premier
partage du temps
par les travaux de
l'agriculture, et qui
ont été durant tant
de siècles, leurs gui-
des fidèles dans leurs entreprises et leurs voyages, indépendamment
des secours multipliés qu'elles nous offrent encore aujourd'hui,
mériteraient d'intéresser vivement notre curiosité, par la seule
magnificence du spectacle qu'elles nous étalent. Leur nombre,
leur position et leur marche, leur destination et leur nature, de-
viendront aussi, à leur tour, l'objet de nos considérations.

Tels sont les objets dont nous vous entretiendrons dans le

4

Système du monde. Nous commencerons d'abord par la terre, soit parce que sa connaissance est la plus importante pour nous, soit parce qu'elle peut nous conduire plus aisément à celle des autres globes qui composent avec elle notre système. Nous nous élèverons successivement vers toutes les parties des cieux, pour en redescendre sur notre séjour toutes les fois que son intérêt se trouvera lié par quelque rapport avec leur étude. Ne serez-vous pas charmés de connaître plus particulièrement ces corps glorieux dont l'éclat avait si souvent frappé vos regards et charmé vaguement vos pensées, d'ajouter de si hautes lumières à celles qu'une éducation distinguée vous donne pour élever votre esprit et vos sentiments, et de vous préserver des idées absurdes et superstitieuses où vous plongerait une stupide ignorance? Et quelle autre science serait plus digne de vous occuper? Que sont les troubles et le choc passager des royaumes de la terre en comparaison de cet accord éternel et sublime qui règne entre les immenses états de la République céleste? Que sont les conquêtes de l'homme sur ce globe de boue, auprès de celles qui l'ont fait entrer en société avec le soleil? Qu'il est beau de voir l'homme atteindre de son génie jusqu'à ces corps reculés que le soleil atteint à peine de sa lumière! Quelle nouveauté dans les objets pour captiver votre imagination! quelle grandeur pour la remplir! et en même temps quelle simplicité de lois dans ces vastes mouvements, pour se mesurer aux premiers efforts de votre intelligence!

LES COMÈTES.

Au - delà des planètes dont nous venons de parler roulent encore d'autres grands corps, dépendans comme elles de l'empire du soleil, qui viennent se montrer à nos yeux et y demeurent souvent exposés quelques mois, puis ensuite se dérobent à notre vue, la plupart pour des siècles, à cause de l'éloignement immense où ils se perdent dans une partie de leur cours. Ces corps errans, à peu près de la grosseur de notre globe, sont appelés comètes.

Suivant les meilleures observations qu'on ait faites jusqu'à présent, le mouvement des comètes semble être sujet aux mêmes lois par lesquelles les planètes sont gouvernées. Les orbites que les unes et les autres décrivent autour du soleil sont des ovales ou ellipses, avec cette différence toutefois que l'ovale de l'orbite des planètes se rapproche beaucoup d'un cercle parfait, au lieu que celui de l'orbite des comètes est si excessivement allongé qu'elles paraissent se mouvoir presqu'en droite ligne, et tendre directement vers le soleil.

Il suit de là que lorsqu'elles sont le plus près de cet astre, soumises à la plus grande force de son attraction, et par là même acquérant plus de vitesse pour s'en éloigner, comme on vous l'expliquera dans la suite ; il suit de là, dis-je, que leur cours doit être alors infiniment plus accéléré que lorsqu'elles en sont à leur plus grande distance. C'est la raison pour laquelle les comètes font un séjour de si courte durée parmi nous, et que, lorsqu'elles s'en éloignent, elles sont si longtemps à reparaître. Une autre différence qui les distingue des planètes, c'est que celles-ci ont toutes un mouvement commun qui les emporte d'occident en orient, et que les comètes, au contraire, n'ont point de direction uniforme, les unes allant d'orient en occident, les autres vers le nord ou vers le midi.

Celle qui parut en 1707 allait presque directement du midi au nord, d'un pôle à l'autre ; mais sur la fin elle paraissait retourner du nord au midi, et de là tendre, par une route oblique, de l'occident vers l'orient.

Les comètes se distinguent enfin des planètes par une longue traînée de lumière qui les accompagne, toujours étendue dans une direction opposée au soleil, et qui semble prendre la forme d'une queue, d'une barbe ou d'une chevelure, suivant les différentes positions où la comète se trouve autour de lui et par rapport à nous.

Comme, à mesure qu'elle en approche ou qu'elle s'en éloigne, on voit cette traînée de lumière s'accroître ou diminuer, l'opinion la plus générale est qu'elle est formée par des vapeurs très subtiles que la chaleur du soleil fait exhaler du corps de la comète.

Celle de 1680 n'étant éloignée du soleil que d'environ deux cent mille lieues, sa queue fut la plus longue qu'on ait encore observée. Newton a démontré que cette comète dut éprouver un degré de chaleur deux mille fois plus grand que celui d'un fer rouge, vingt mille fois plus grand que celui de nos jours brûlants d'été à l'heure du midi.

Ces vapeurs si subtiles que, dans leur transparence, elles laissent entrevoir les étoiles fixes, ne suivent point les comètes dans le reste de leur cours; mais, à mesure qu'elles se répandent dans les régions célestes, elles sont, suivant Newton, attirées par les planètes, et servent à nourrir leur atmosphère. Les comètes, à leur tour, soumises dans chaque nouvelle révolution à une attraction plus puissante de la part du soleil, se rapprochent de plus en plus de son atmosphère, et finissent par y être englouties pour réparer les pertes qu'il fait par l'émission de sa lumière.

Les anciens ne voyant dans les comètes que des vapeurs et des exhalaisons élevées jusqu'à la région supérieure de l'atmosphère

terrestre, et enflammées par l'action des vents, ne songeaient guère
à faire des recherches suivies sur leurs périodes. Ainsi n'en avons-
nous pu recueillir que des notions très imparfaites. En moins d'un
siècle et demi, les astronomes modernes ont fait sur les comètes plus
d'observations que n'en avait pu fournir toute l'antiquité. La science
sur cet objet est cependant encore toute nouvelle. Le retour de la
comète de 1682 en 1759, suivant les prédictions de Halley et de
Cassini, et les savants calculs de MM. Clairaut et de Lalande, a
bien fait connaître que sa révolution autour du soleil était de
soixante-quinze ans et demie, à quelques inégalités près, occa-
sionnés par l'action que Jupiter et Saturne exercent sur elle,
puisqu'elle avait déjà été observée en 1607, 1552, 1456. On a
aussi des observations exactes sur plus de soixante comètes ; mais
s'il est vrai, comme le conjecture M. de Lalande, qu'il y en ait
plus de trois cents dans notre système solaire, combien de temps
ne faut-il pas encore pour que l'on ait été à portée d'en déterminer
le nombre, d'en calculer la masse, la distance et l'orbite, d'en démêler le mouvement et les nœuds, et d'établir la durée invariable
de leurs révolutions ? Celle de 1680, que M. Jacques Bernoulli
avait cru devoir reparaître en 1719, a trompé les calculs de cet
habile géomètre. Peut-être en faudra-t-il revenir à l'opinion de
M. Halley, qui lui donne une période de cinq cent soixante-quinze
ans, et la fait remonter par une suite de révolutions régulières,
dont les quatre dernières sont déjà connues, jusqu'à l'année pré-
cise du déluge universel.

C'est dans l'année 2255 que l'on pourra s'assurer si tel est en
effet sa période.

D'après les observations faites sur sa forme, sa grandeur et sa route, par tous les savants de l'Europe, à son dernier passage, il ne sera pas difficile de la distinguer de toute autre, s'il en paraissait dans la même journée, surtout si les observations diverses que l'on aura occasion de faire dans l'intervalle ont fait prendre à l'astronomie, sur la théorie des comètes, le degré d'avancement que l'on doit naturellement espérer.

La comète de 1680, dans un point de son passage, s'approcha de si près d'une partie de l'orbite de la terre, que, si la terre se fut trouvée alors dans cette partie, sa distance de la comète n'eût pas été plus grande que la distance où elle est de la lune, et qu'elle aurait vraisemblablement souffert de ce voisinage. Celle de 1769, arrivée un mois plus tard, aurait produit un bouleversement terrible dans les eaux de la mer. Huit autres comètes passent dans leurs orbites assez près de notre globe pour lui faire craindre le même sort.

Quelle idée, Henri, ne devons-nous pas prendre, à cet aspect, de la sagesse qui règne dans l'ordre sublime de l'univers ? Le moindre dérangement produit dans la combinaison des attractions mutuelles du soleil et des corps dont il est le centre, un seul de ces corps, arrêté pour un instant dans son cours, suffirait pour replonger tout le monde dans le chaos, et entraîner peut-être la ruine des mondes innombrables qui nous environnent. Cependant, cet équilibre admirable se soutient depuis des milliers d'années et chaque instant de sa durée semble ajouter à sa solidité, en nous montrant une Providence éternelle qui veille sans cesse à l'entretenir.

Cherchons à lire sur le front des étoiles des caractères bien plus frappants encore de sa magnificence et de sa grandeur.

SYSTÈME DU MONDE

MIS A LA PORTÉE

DE L'ADOLESCENCE.

Veuve depuis trois ans, Madame de Croissy s'était retirée à la campagne, dans une petite maison charmante, à quelque distance de Paris. Les regrets que lui coûtait chaque jour la perte de son époux n'étaient adoucis que par les soins qu'elle donnait à l'éducation de sa fille, le seul gage qu'il lui eût laissé de sa tendresse.

Elle avait été mariée fort jeune, et son père, en calculant

.es trésors qui devaient suivre le don de sa main, avait imaginé que le faste d'une immense fortune, avec quelques talents agréables, pouvait lui suffire pour paraître avec assez d'éclat dans le monde. Emporté toujours hors de lui-même par le torrent des affaires, étourdi par le tumulte de ses dissipations, il n'avait pas réfléchi que dans une vie moins agitée, sa fille aurait un plus grand besoin des ressources attachées à la culture de l'esprit et du cœur, et que mieux il réussirait pour elle dans le choix d'un époux, plus ces avantages deviendraient nécessaires pour gagner son estime et conserver son attachement. Des considérations si simples se trouvaient au-dessus de sa portée : de tous les soins paternels les plus utiles étaient ceux dont il s'était le moins occupé.

Elevée par l'hymen à la société d'un homme distingué par des sentiments délicats, une raison éclairée, des connaissances solides et des goûts aimables, madame de Croissy n'avait pas tardé longtemps à sentir des regrets de cette négligence. En cherchant à la réparer pour elle-même, elle résolut surtout de l'éviter pour sa fille.

Les amusements de la ville ne l'avaient jamais entièrement détournée de ce projet. La solitude où l'avait conduite la douleur de son veuvage lui donnait alors tout le loisir de l'exécuter. Elle avait déjà profité des premières années de l'enfance d'Émilie pour apprendre elle-même tout ce qu'elle voulait lui faire apprendre un jour. Son application, l'étendue de sa mémoire, la justesse et la pénétration de son esprit, avait si bien servi les vues de sa tendresse, qu'elle était enfin parvenue à posséder parfaitement l'histoire ancienne et moderne, la géographie universelle, les éléments de géométrie, avec quelques notions générales sur l'histoire naturelle

et sur la physique, afin de se mettre en état d'être le seul institu-
teur de sa fille, elle s'était formée d'abord toute seule, sans autre

secours que les bons livres élémentaires, dans ces divers genres
de connaissances. En cherchant ainsi pour elle-même la méthode la
plus agréable et la plus sûre, elle étudiait d'avance celle qui con-
viendrait le mieux au caractère d'esprit d'Émilie, dont la finesse
et la vivacité annonçait, dès les premières années, les plus
heureuses dispositions. Elles ne s'étaient point démenties dans la
suite.

Émilie, à peine âgée de treize ans, commençait déjà, par sa reconnaissance et ses progrès, à récompenser sa mère des peines qu'elle se donnait pour l'instruire. Leurs jours s'écoulaient dans les plaisirs les plus purs et dans les jouissances mutuelles les plus délicieuses. Une société choisie des environs, les visites qu'elles recevaient quelquefois de leurs amis de la ville, étaient les seules distractions qui les détournaient de leurs études ; la variété qu'elles savaient y répandre, la culture des fleurs, le ménage d'une volière, en étaient les délassements.

Soit pour éloigner du cœur de sa fille tout sentiment de vanité, soit pour écarter de sa maison des visites importunes, madame de Croissy avait eu soin de cacher sa richesse, et prenait pour prétexte de sa retraite à la campagne la nécessité d'y rétablir ses affaires par une rigoureuse économie. En s'épargnant les détails fatigants et les vaines dépenses d'une grande maison, elle avait plus de temps pour en donner à ses travaux, et plus de moyens de satisfaire à sa bienfaisance par les secours généreux qu'elle répandait en secret autour d'elle. Le calme d'une vie si douce ; la joie de voir sa fille répondre à ses espérances ; une santé forte, acquise par l'exercice, la modération et la sobriété, avaient donné à son caractère une sérénité inaltérable, et à son esprit un enjouement, qui faisaient trouver à la vive Émilie l'intérêt le plus piquant dans sa société. La sensibilité naissante de ce jeune cœur était toute concentrée sur sa maman et sur son père, dont madame de Croissy avait soin d'entretenir la mémoire par des regrets touchants, et par l'éloge des vertus qu'il avait possédées. Émilie, élevée dans la candeur et la liberté de l'innocence, n'ayant à cacher à sa tendre amie aucun de ses mouvements, avait conservé cette fleur pré-

cieuse de naïveté qui rend la raison si aimable. Comme toutes
ses réflexions s'étaient formées dans le cours de ses entretiens
avec sa mère, elles avaient pris une tournure vive et animée, telle
que la produit la chaleur de la conversation ; et ses pensées se
développaient avec autant de clarté que de saillie, d'agrément et
de justesse.

L'ami de l'enfance de madame de Croissy était M. de Gerseuil,

son frère, qui vivait à Paris, occupé des devoirs d'un poste ho-
norable, et de l'étude des sciences naturelles qu'il cultivait avec suc-
cès. Deux filles, livrées encore aux premiers soins de leur mère, et
le jeune Cyprien, âgé de douze ans, composaient toute sa famille. Au milieu de la corruption de la capitale, sa maison
était l'asile des mœurs. Son fils ne s'était jamais éloigné de sa
présence.

Né avec une imagination vive, un esprit ardent et courageux, de la franchise, de l'élévation et de la fermeté dans les
sentimens, Cyprien avait une âme douce, et tout à la fois susceptible des mouvemens les plus impétueux. Il aimait déjà vivement
la gloire et les grandes choses. Au récit d'un trait de bravoure
ou de générosité l'on voyait s'enfler sa poitrine, et la flamme
étinceler dans ses regards. En concevant de hautes espérances de
ce caractère, M. de Gerseuil ne se déguisait pas les inquiétudes
qu'il pouvait lui causer. Cependant l'amitié tendre que son fils
avait prise pour lui modérait ses craintes. Il s'était accoutumé de
bonne heure à le gouverner avec des caresses. Une froideur
aurait désolé son âme; un seul reproche eut fait son supplice.

Sur une invitation fort pressante qu'ils avaient reçue l'un et
l'autre d'Emilie, pour se trouver à une fête qu'elle devait donner
à sa maman la veille du jour de sa naissance, ils s'étaient rendus
mystérieusement à la maison de madame de Croissy. La surprise
de leur arrivée ajoutait à celle du bouquet. Emilie le parait de ses
grâces, Cyprien l'animait de sa gaîté. Madame de Croissy versait
des larmes de joie des attentions délicates de ces aimables enfans.

Elle fut bien plus heureuse encore le lendemain, lorsque dans une
promenade écartée avec son frère ils purent s'entretenir en liberté
de leurs projets et de leurs espérances. Le dîner qui les réunit
avec leur jeune famille fut une nouvelle scène de nouveaux plaisirs.

Après une séparation assez longue, se retrouver ensemble
dans un beau jour, dans une contrée charmante, avec des objets
d'un si grand intérêt l'un pour l'autre ! les tendresses du sang et

de l'amitié, les émotions paternelles, les transports confondus de
ous les sentimens les plus doux de la nature ! vous n'auriez encore qu'une bien faible idée de leur félicité, si vous pensiez que
ces traits fussent capables de vous la peindre.

PREMIER ENTRETIEN.

C'était par une belle soirée d'été. La fraîcheur de la soirée les ayant invités à sortir, ils allèrent se promener tous ensemble sur la terrasse. Le soleil était près de se coucher; il touchait aux bords de l'horizon. Tout à coup madame de Croissy, s'interrompant dans son entretien, alla s'asseoir sur le bout d'un banc de pierre placé à l'ouverture de la grande allée du bosquet.

M. de Gerseuil crut qu'il prenait quelque faiblesse à sa sœur, et s'empressa de la suivre, ému d'inquiétude, en la questionnant sur son état.

Ce n'est rien, lui répondit-elle avec un sourire, mais sans détourner ses regards fixés vers le couchant; je vais satisfaire dans un moment votre surprise et votre curiosité . laissez d'abord disparaître le soleil.

M. de Gerseuil et les enfans se regardaient en silence, et n'osaient l'interrompre. Bientôt le soleil disparut. Madame de Croissy se levant alors d'un air gai : Je suis contente, leur dit-elle, tout marche bien dans l'Univers. Ces paroles, et la manière brusque dont je vous ai quittés tout à l'heure, doivent vous étonner : il faut vous en donner l'explication. C'est aujourd'hui, comme vous le savez, mon jour de naissance. Il me semble qu'en ce jour tout prend un nouvel intérêt à mes yeux dans la nature. J'observe avec plus d'attention ce qui se passe autour de moi. Je trouve partout des sujets de réflexion qui m'occupent. Ce matin, en me promenant dans mon verger, je cherchais à saisir les changements qui pouvaient s'être opérés dans mes arbres depuis l'année dernière.

Je voyais que les uns commençaient à perdre de leur jeunesse, et les autres à en prendre la taille et la vigueur. Les premiers me donnaient une leçon affligeante ; mais les autres me consolaient. Ils me présentaient sous une riante image, la douceur de me voir rajeunir dans ma fille. Emilie baisa la main de sa mère, et laissa échapper un long soupir.

Voilà une remarque, dit M. de Gerseuil, qui me plaît autant par son courage et sa philosophie, que le sentiment qui lui est attaché me touche par sa tendresse. Mais quoi! vos observations vont-elles jusqu'à l'astre de la lumière? Etiez-vous inquiète de savoir s'il avait perdu de sa force ou de son éclat?

MADAME DE CROISSY.

Non, mon frère, mes pensées ne s'étendent pas si loin. L'année dernière, le même jour qu'aujourd'hui, j'étais assise sur ce banc toute seule, et plongée dans une douce rêverie. Je voyais le soleil se coucher; j'observai que c'était derrière cet ormeau qu'il se dérobait à ma vue : ce souvenir m'est revenu tout-à-coup, j'ai voulu voir si cette année, à pareil jour, il se coucherait dans la même direction. Je n'aurais jamais cru la terre si réglée dans sa course.

M. DE GERSEUIL.

Surtout après avoir fait, depuis cette époque, un voyage de plus de deux cent dix millions de lieues.

MADAME DE CROISSY.

L'immensité de ce trajet redouble encore mon admiration de la trouver si fidèle.

M. DE GERSEUIL.

Elle pourrait vous faire un compliment aussi flatteur, puisqu'au même jour de l'année, et au même instant, elle vous trouve aussi dans la même place pour l'observer.

MADAME DE CROISSY.

Tenez, mon frère, croyez-moi, n'ayons pas l'orgueil de lui disputer de conduite. Si fière que soit la raison, de son fil et de son flambeau, une planète aveugle ira toujours plus droit qu'elle.

ÉMILIE.

Oh bien, puisque cela est ainsi, mon oncle, voilà les étoiles qui commencent à paraître : je suis charmée qu'elles puissent rendre un bon témoignage de notre globe; car enfin, si nous sommes un peu étourdis, notre terre ne l'est pas; et peut-être que d'après son caractère on nous croira des personnages graves, pleins d'ordre et de régularité.

M. DE GERSEUIL.

C'est sur notre globe, ma chère Emilie, qu'il faudrait commencer à établir de nous une bonne opinion, sans nous embarrasser de ce que peuvent en penser les étoiles. Au reste, cette hypocrisie ne nous servirait à rien. Les étoiles ne voient pas plus notre terre qu'elles ne soupçonnent ses habitants.

CYPRIEN.

Quoi! tandis que nous avons peut-être cinq cents lunettes en l'air pour les observer, elles ne daignent pas même nous apercevoir ?

MADAME DE CROISSY.

Fiez-vous maintenant aux poètes qui s'ingèrent de porter usqu'aux astres la gloire des femmes!

M. DE GERSEUIL.

Sans être plus crédule, pourquoi seriez-vous moins indulgente?

Si jamais ce mensonge flatteur a pu les tromper, les a-t-il jamais offensées? Il porte avec lui sa grâce. Il naît du désir qu'on aurait de le réaliser.

CYPRIEN.

Il est pourtant bien fâcheux, mon papa, de se trouver ains inconnu dans l'univers.

M. DE GERSEUIL.

Console-toi, mon fils, Mars et la lune nous voient complètement.

ÉMILIE.

Et voilà tous les témoins de notre existence!

M. DE GERSEUIL.

Mercure et Vénus, placés entre nous et le soleil, nous distinguent peut-être, s'ils ne sont pas éblouis par la grande lumière qui les environne; mais pour Jupiter, Saturne et Herschell, je doute fort qu'ils aient la moindre connaissance de nos affaires.

CYPRIEN.

Je voudrais que notre globe allât faire du bruit jusque dans les étoiles.

M. DE GERSEUIL.

Eh, mon pauvre ami! comment veux-tu qu'elles nous aperçoivent, puisque cet orbe même de deux cent dix millions de lieues que la terre parcourt dans un an, quand elle le remplirait tout entier, en s'enflant d'orgueil comme la grenouille de la Fable, ne formerait encore qu'un point dans l'espace?

CYPRIEN.

O ciel! est-il possible?

M. DE GERSEUIL.

Il me sera fort aisé dans un moment de te le démontrer.

ÉMILIE.

Mais cependant, mon oncle, parvenus à cette grandeur dont vous venez de parler, nous serions bien plus grands que le soleil. Les étoiles voient le soleil; ainsi, à plus forte raison, serions-nous vus des étoiles?

M. DE GERSEUIL.

Écoute, Emilie; vois-tu là-bas, à une bonne lieue, cette lampe qu'on vient d'allumer, à ce que je pense, dans la cour d'un château?

ÉMILIE.

Oui, sans doute, mon oncle.

— 71 —

M. DE GERSEUIL.

Le château est bien plus grand que la lampe; il est éclairé de sa lumière, pourrais-tu distinguer le château?

ÉMILIE.

Oh! non, dutout.

M. DE GERSEUIL.

Tu vois donc qu'un corps lumineux par lui-même peut être aperçu à une grande distance, tandis qu'un corps beaucoup plus considérable, qui ne fait que nous réfléchir la lumière qu'il en reçoit, est invisible à nos yeux?

ÉMILIE.

Il est vrai.

M. DE GERSEUIL.

Maintenant, réduis la terre à sa véritable proportion avec le soleil. Au lieu d'être grosse pour lui comme le château l'est pour la lampe, elle ne sera plus en comparaison que ce que pourrait être la tête d'une épingle auprès d'une torche allumée. Tu peux juger, sur cette mesure, de la figure brillante que nous faisons dans l'univers.

ÉMILIE.

Ah! mon cher Cyprien! nous voilà bien revenus de nos prétentions les respects des étoiles.

MADAME DE CROISSY.

Il me semble voir un de ces importants de la capitale, plein de

l'idée que tout le royaume a les yeux tournés sur lui, et à qui l'on viendrait dire qu'à la vérité on le connait assez à Montrouge, que l'on a même entendu par hasard prononcer son nom à Lonjumeau, mais que très certainement sa renommée en s'est pas étendue jusqu'à Arpajon.

MILIE.

En vérité, j'en serais si honteuse à la place de mon cousin, que je voudrais me cacher même de la lune.

M. DE GERSEUIL.

Prends-y garde, Émilie ; cette petite bouderie pourrait nous coûter cher.

ÉMILIE.

Et comment, s'il vous plaît, mon oncle ?

M. DE GERSEUIL.

C'est que si nous allons nous cacher de la lune, la lune, au même instant, va se cacher aussi de nous.

ÉMILIE.

Oh ! j'aurais trop de regret à sa douce clarté.

MADAME DE CROISSY.

Je ne puis aussi vous déguiser de mon faible pour elle. Il semble, à son air de modestie et de pudeur, qu'elle soit formée pour être le soleil des femmes.

M. DE GERSEUIL.

L'idée est assez heureuse. Combien de jolis caprices, les variétés de ses phases et les inégalités de sa marche pourraient expliquer ! Vous voyez par là, mes amis, que nous n'avons rien à perdre, et que la terre n'est que trop heureuse de recevoir la lumière des astres qui l'entourent, sans aspirer vainement à s'en faire distinguer par sa splendeur.

CYPRIEN.

C'est bien dommage que nous ne soyons pas un peu plus lumineux ; car avouez, mon papa, qu'on ne saurait être placé plus avantageusement pour briller.

M. DE GERSEUIL

Et sur quoi juges-tu ce poste si favorable ?

CYPRIEN.

C'est tout simple. Il n'y a qu'à regarder la voûte céleste : on voit bien qu'elle s'arrondit au-dessus de la terre, que les étoiles y sont semées à égales distances de nous, et que nous occupons le milieu de l'univers.

M. DE GERSEUIL.

Mon fils, as-tu bien présent à la mémoire, le joli paysage que tu me faisais remarquer d'ici même dans la matinée ? Cette colline, cette forêt, ce vieux château à demi démantelé, cette tour qui semble monter jusqu'aux nues ?

CYPRIEN.

Oui, mon papa, ce beau noyer aussi, sous lequel nous passâmes hier au soir, et dont les noix me donnaient tant d'appétit. Je n'ai pas été fâché de le revoir, quoique ce fût d'un peu loin ; car il me semblait d'ici justement tout au bout de l'horizon.

M. DE GERSEUIL.

Cela n'est pas exact. Tu devais voir bien plus en arrière ce grand château gothique qui tombe en ruines. Tu sais qu'il est beaucoup par-delà. En le quittant, n'avons-nous pas couru un quart-d'heure en poste avant que de parvenir au noyer?

CYPRIEN.

Il est vrai; mais ce n'est pas ma faute. On ne peut pas juger bien nettement les distances dans un si grand éloignement. On croirait d'ici, je vous assure, que l'arbre se trouve dans le même contour que la colline, la forêt, le château et la tour, avec notre terrasse au beau milieu du demi-cercle. Je l'ai bien observé.

M. DE GERSEUIL.

Que me dis-tu? Ma sœur, combien comptez-vous d'ici à la tour?

MADAME DE CROISSY.

Près de trois lieues, mon frère.

M. DE GERSEUIL.

Et à la colline?

MADAME DE CROISSY.

Deux bonnes lieues.

M. DE GERSEUIL.

Et à la forêt ?

ÉMILIE.

Une demie-lieue seulement. J'y vais fort bien à pied.

M. DE GERSEUIL.

Et moi, j'estime, par le temps de ma route, que le château doit être à trois quarts de lieue, et le noyer à un quart de lieue et demi tout au plus. Mais quoi ! ces objets, les uns si reculés, les autres si avancés, se trouvent dans le même contour ! tous ces espaces si inégaux de terrain forment un horizon bien arrondi ! notre terrasse est située exactement au milieu de tout cela ! Cyprien, est-ce qu'il n'en serait pas de même par rapport à la courbure si régulière de cette voûte céleste ? à ces étoiles qui semblent attachées à la même surface ? et à nous enfin, qui nous croyons au centre sous ce beau pavillon ?

CYPRIEN.

Mon papa, je n'ai rien à répondre. Si ma vue me trompe à une petite distance, elle doit bien plus m'égarer à un si grand éloignement. Mais que nous ne soyons pas au milieu juste sous les cieux, je n'en puis revenir. J'aurais parié qu'il n'y avait pas deux pouces de plus d'un côté que de l'autre.

M. DE GERSEUIL.

Voyons. Avant de nous mettre à table, nous sommes allés rendre une visite à M. le curé.

CYPRIEN.

C'est un bien honnête homme! il m'a donné une poire superbe.

M. DE GERSEUIL.

Voilà effectivement un trait qui ne laisse pas douter de sa droiture. Mais ce n'est pas de son verger qu'il s'agit; c'est de son clocher. Tu te rappelles combien il nous a vanté la perspective qu'on a du haut de sa galerie? Nous y sommes montés. Eh bien?

CYPRIEN.

L'église est plus bas, et son clocher n'est pas plus haut que cette terrasse. Je l'ai vue de niveau.

M. DE GERSEUIL.

Quoi! le point de vue n'est pas plus étendu que de l'endroit où nous sommes?

CYPRIEN.

Non, je vous le proteste, mon papa; c'est exactement la même chose. J'ai bien reconnu les mêmes objets à la même distance et tout au bout de l'horizon, comme ici.

M. DE GERSEUIL.

Est-ce que le clocher faisait bien le centre de ce contour ?

CYPRIEN.

Oui, mon papa.

M. DE GERSEUIL.

Tu n'étais donc pas au centre ici ? Un cercle n'a pas deux centres.

CYPRIEN.

C'est que nous ne sommes pas loin de l'église.

M. DE GERSEUIL.

Il y a pourtant deux cents pas.

CYPRIEN.

Mais ce n'est rien par rapport au grand éloignement où étaient les objets que nous regardions.

M. DE GERSEUIL.

En sorte que, lorsque de deux points différens on croit voir des objets fort éloignés toujours à la même distance, l'intervalle qui sépare ces deux points doit être estimé fort peu de chose? C'est comme si ces deux points n'en faisaient qu'un, n'est-ce pas, mon ami ?

CYPRIEN.

Tout juste, mon papa; vous avez clairement saisi ma raison, et je suis fort content de votre intelligence.

M. DE GERSEUIL.

Voilà ce qui m'encourage. En ce cas allons un peu plus loin. Tu sais, aussi bien qu'Émilie, que la terre parcourt une orbite autour du soleil : je vais la tracer ici sur le sable. Voyez-vous ? c'est un ovale qu'on nomme ellipse, ainsi qu'on vous l'a dit. Bon, la voilà. On peut encore la voir assez bien à la clarté de la lune, qui se lève. Je vais mettre mon chapeau dans l'orbite, pour y représenter le soleil.

CYPRIEN.

Un beau soleil, vraiment, qui est tout noir ! attendez donc, attendez. *(Il se met à courir vers la maison de toutes ses jambes.)*

M. DE GERSEUIL.

Où vas-tu, Cyprien ?

CYPRIEN, *de loin, sans s'arrêter.*

Je reviens à l'instant.

ÉMILIE.

Que veut donc cet étourdi ?

M. DE GERSEUIL.

Attendons, crois-moi, son retour, pour voir s'il mérite d'être blâmé.

CYPRIEN, *revenant au bout de deux minutes avec*
un domestique qui porte un tison.

Vous ai-je fait languir? Champagne, mettez, je vous prie, ce tison à la place du chapeau. Voilà un soleil qui vaut mieux que le vôtre, je pense, mon papa. Vous vous seriez enrhumé à le regarder : couvrez-vous, à cause du serein.

M. DE GERSEUIL.

Je te remercie, mon fils, de ton aimable attention. Ce tison pourra nous servir encore à autre chose. Attendez là, Champagne. Allons, mes enfans, voulez-vous entreprendre un voyage autour du soleil, pour bien reconnaître votre orbite? (Émilie et Cyprien font le tour.) A merveille. Champagne, reprenez maintenant ce tison, et courez au bout de l'allée : vous nous le présenterez de là.

CHAMPAGNE *en allant.*

Oui, monsieur.

ÉMILIE.

Que voulez-vous donc faire, mon oncle?

M. DE GERSEUIL.

Tu vas voir. Champagne est-il à son poste?

CYPRIEN.

Tenez, le voilà qui nous présente déjà le tison. Oh! comme il est devenu petit!

M. DE GERSEUIL.

Je suis bien aise que tu l'aies remarqué. Approche; viens ici à ce bout de l'orbite.

CYPRIEN.

Oui; mais l'on nous a emporté notre soleil.

M. DE GERSEUIL

Il nous est inutile à présent. Suppose qu'il soit couché. Il faut qu'il soit nuit pour voir les étoiles. Le tison en sera une. Regarde-la bien d'abord, pour t'assurer de sa grandeur et de sa distance.

CYPRIEN

Je l'ai assez contemplée.

M. DE GERSEUIL.

Allons, commence à marcher à petits pas sur la ligne circulaire tracée pour figurer l'orbite, en regardant toujours le tison qui fait étoile. Avance. Vois-tu l'étoile plus grande ou plus près de toi?

CYPRIEN.

Non, mon papa; elle semble toujours la même et au même point.

M. DE GERSEUIL.

Va donc plus loin encore, jusqu'à l'endroit de l'orbite opposé à celui d'où tu es parti. T'y voilà; arrête. Eh bien? l'étoile?

CYPRIEN.

Elle n'a pas changé.

M. DE GERSEUIL.

Comment, elle ne te paraît pas plus grande ni plus près de toi? Tu t'es cependant avancé vers elle.

CYPRIEN.

De beaucoup vraiment ! elle est à deux cents pieds, peut-être, et je ne m'en suis approché que de la longueur du diamètre de cette orbite, qui n'est que d'environ six pieds.

M. DE GERSEUIL.

Ces six pieds ne sont donc presque rien par rapport à la distance du tison ? et sans doute ils seraient moins encore si nous reculions le tison d'une lieue ; par exemple, jusqu'à ce qu'il ne parût que de la grosseur d'une étincelle.

CYPRIEN.

Toute l'orbite elle-même ne serait plus alors qu'un point insensible. Faisons les choses plus en grand, mon papa.

M. DE GERSEUIL.

Il faut te satisfaire. Je vais te donner un diamètre de soixante-six millions de lieues, celui de la véritable orbite de la terre ; et, au lieu du tison qui faisait étoile postiche, je vais te donner une étoile réelle.

ÉMILIE.

A la bonne heure.

CYPRIEN.

C'est parler, cela. Voyons, voyons !

M. DE GERSEUIL.

Doucement, recueillons-nous un peu. Je me souviens de t'avoir dit, quand j'ai si *clairement saisi ta raison*, que, lorsque de deux points indifférens on croit voir des objets éloignés garder toujours la même distance, l'intervalle qui sépare ces deux points n'en faisait qu'un.

CYPRIEN.

Oui, le voilà mot pour mot.

M. DE GERSEUIL.

N'oublie pas de ton côté, ce que tu viens de dire toi-même, que notre petite orbite ici sur le sable ne serait plus qu'un point insensible par rapport à la distance où devrait être le tison, pour n'être vu que de la grosseur d'une étincelle.

CYPRIEN.

Je m'en souviens, et ne m'en dédis pas.

M. DE GERSEUIL.

Il est bien reconnu que le diamètre de l'orbite de la terre est

de soixante-six millions de lieues. La terre, à un bout de ce diamètre, voit donc en face une étoile de soixante-six millions de
lieues plus près qu'à l'autre bout.

CYPRIEN.

C'est clair.

M. DE GÉRSEUIL.

Eh bien ! si de deux points si différents, et malgré son ap-
prochement énorme dans l'un d'eux, la terre voit toujours cette
étoile garder la même distance ; si, malgré la grosseur énorme
de cette étoile, que je vous prouverai bientôt, elle ne l'aperçoit
jamais plus grande qu'un point étincelant, les deux bouts du
diamètre de son orbite, malgré l'intervalle qui les sépare, seront
donc censés se confondre en un point devenu insensible par
rapport à la distance infinie que l'étoile gardera toujours pour
elle.

ÉMILIE.

Qu'as-tu à répliquer, mon pauvre Cyprien ?

M. DE GERSEUIL.

Mais si cette immense orbite n'est qu'un point insensible par
rapport à la distance de l'étoile, que sera donc, par rapport à cette
même distance, le globe de la terre, qui n'est lui-même qu'un

point dans l'immensité de son orbite ? Cette planète orgueilleuse croira-t-elle alors que la voûte céleste n'est faite que pour se courber au-dessus d'elle en pavillon ? que les astres y sont semées à égales distances pour lui former un superbe tableau, et qu'elle est digne d'occuper le milieu de l'univers, où elle n'est seulement pas aperçue ?

CYPRIEN.

Il faut prendre son parti ; mais je me sens terriblement humilié de notre petitesse.

MADAME DE CROISSY.

Pour moi, ce qui m'humilie bien davantage, c'est que tous les philosophes célèbres de l'antiquité se soient obstinés à placer notre misérable planète au centre de l'univers. Je vois que dans les plus beaux siècles de sagesse, les hommes n'étaient encore pétris que d'orgueil et de folie.

M. DE GERSEUIL.

Pythagore avait rapporté de l'Inde et de l'Egypte des idées plus saines. Il les renferma de son vivant dans l'enceinte de l'école qu'il avait fondée en Italie. Ses disciples les portèrent dans la Grèce après sa mort. Le soleil, établi par ce grand homme au centre de notre monde, voyait les planètes circuler autour de lui dans cet ordre : Mercure, Vénus, la Terre avec sa lune, Mars, Jupiter et Saturne. Il s'était mépris, à la vérité, sur leurs distances et sur leurs grandeurs ; mais la géométrie de son

siècle n'était pas assez avancée, ni les instruments assez per-
fectionnés.

MADAME DE CROISSY.

A la bonne heure. Voilà toujours un sage. Et son système fût-
il suivi ?

M. DE GERSEUIL.

Comment aurait-il pu réussir chez des peuples à qui leurs

beaux esprits avaient enseigné, les uns, que la terre était plate comme une table, et les cieux une demi-voûte d'une matière dure et solide comme elle ; les autres, que le soleil était une masse

de feu un peu plus grande que le Péloponèse ; que les comètes étaient formées par l'assemblage fortuit de plusieurs étoiles errantes ; que les étoiles n'étaient que des rochers ou des montagnes, enlevés de dessus la terre par la révolution de l'éther qui les avait enflammés ; d'autres, enfin, que les étoiles s'allumaient le soir pour s'éteindre le matin, tandis que le soleil, qui n'était qu'un nuage en feu, s'allumait le matin pour s'éteindre le soir ; et qu'il y avait plusieurs soleils et plusieurs lunes pour illuminer nos différens climats? Or, si l'astre du jour, d'après tous ces préjugés, était plus petit que la terre, fallait-il se déplacer du centre du monde pour le lui céder?

MADAME DE CROISSY.

Le peuple méritait bien son nom; mais la philosophie n'était guère digne du sien.

M. DE GERSEUIL.

Ptolémée trouvant toutes ces opinions accréditées au temps où il vécut; et se fondant sur le témoignage trompeur de nos sens n'eut pas beaucoup de peine à se persuader, à lui et aux autres, que les idées de Pythagore n'étaient que des rêveries; que la terre était le centre de tous les mouvemens, soit des planètes et du soleil rangé dans leur classe, soit des étoiles et des cieux de verre qu'il souffla. Ce système se soutint pendant plus de quatorze siècles, en se chargeant de jour en jour de quelques absurdités nouvelles, que ses partisans imaginaient pour se défendre des objections les plus embarrassantes.

Ptolémée.

MADAME DE CROISSY.

Mais voilà, je pense, assez de siècles pour se rapprocher beaucoup du nôtre?

M. DE GERSEUIL.

Aussi n'y a-t-il que deux cent quarante-deux ans que nous devons à Copernic d'être revenus de l'erreur; encore a-t-elle régné

Copernic.

pendant quelques années sous une autre forme depuis cette époque.

MADAME DE CROISSY.

Voyons, mon frère, je vous prie ; je ne voudrais pas laisser échapper une seule de nos inconséquences.

M. DE GERSEUIL.

Très volontiers. Mais avant de continuer, permettez-moi d'apprendre à Émilie et à Cyprien quel était Copernic. C'est un nom assez célèbre pour que nous nous y arrêtions un instant.

Copernic était prussien, il florissait en 1507. D'abord médecin, puis théologien. Ce fut lui qui démontra le premier toute la fausseté du système de Ptolémée. Le premier parmi les modernes il rappela l'attention sur les opinions de Pythagoriciens qui croyaient à l'immobilité du Soleil et à sa position centrale dans le monde. L'ouvrage du savant astronome qui développait les preuves de ce système fut dédié au pape Pie III, et ne paraît qu'au moment de la mort de son auteur en 1543. Il est intitulé des *Révolutions des globes célestes*. Copernic mourut à Frawenbourg ou il avait un canonicat, et fut enterré à Thorn sa patrie.

Quoique Copernic, en rétablissant le système de Pythagore, que je vous ai tout à l'heure exposé, l'eût fait servir à expliquer des difficultés insurmontables dans celui qu'il renversait, Tycho-Brahé, le plus grand observateur de son siècle, ne s'en obstina pas moins à conserver à la terre la gloire de la domination.

MADAME DE CROISSY.

Ce n'étaient donc que les principes de Ptolémée de nouveau rappelés ?

M. DE GERSEUIL.

Il y avait une différence. Il ne faisait plus tourner toutes les planètes autour de la terre; la lune seule lui restait. Le soleil, prenant les autres à sa suite, tournait autour d'elle dans une année, et se joignait au cortége des étoiles, pour lui rendre, en vingt-quatre heures, les mêmes honneurs.

MADAME DE CROISSY.

Je ne vois pas que l'on gagne à ce changement; il me paraît toujours ridicule que tant de corps énormes soient réduits à courir si vite autour de nous, qui sommes si petits.

M. DE GERSEUIL.

Vous avez fort bien saisi le vice de ce sytème. Cependant, comme il est fort ingénieux dans tout le reste, et qu'il était fortifié par le grand nom de celui qui l'avait établi, peut-être aurait-il gardé toujours l'avantage, si Galilée, aidé du télescope, n'eût confirmé l'ordre réel découvert par Pythagore et par Copernic dans le plan de l'univers; si Képler, par sa pénétration, n'en eût soupçonné les lois, et si Newton, qui s'éleva il y a près d'un siècle en Angleterre, ne les eût démontrées avec toute la force de son génie et de la vérité.

MADAME DE CROISSY.

Grâce au ciel, voilà le soleil bien affermi dans son repos au milieu de notre monde! Je puis donc maintenant en sûreté de conscience établir ma réforme.

M. DE GERSEUIL.

Comment, ma sœur, est-ce que vous auriez aussi quelque nouveau système à proposer?

MADAME DE CROISSY.

Non, mon frère; je suis très-satisfaite de votre arrangement; je le trouve conforme à la sagesse de la nature. Je n'en veux qu'à ce blond Phébus qui a si vilainement trompé les pauvres humains.

M. DE GERSEUIL.

Et d'où vous vient contre lui cette belle fureur ?

MADAME DE CROISSY.

Comment! depuis trois mille ans, il nous aura laissé nourrir ses coursiers d'ambroisie, et cela pour les tenir à piaffer dans la cour de son palais !

CYPRIEN.

Oui, ma tante, puisqu'il ne sert pas à conduire le char de la lumière, cassons aux gages ce cocher paresseux, et supprimons-lui son attelage.

ÉMILIE.

Je ne lui donnerais pas même le chariot et les quatre bœufs de nos rois fainéants.

MADAME DE CROISSY.

Mais, en ôtant son nom au soleil, quel autre lui donnerons-nous?

M. DE GERSEUIL.

Il en est un plus digne de lui, le plus grand qu'on ait porté dans tous les mondes. Les conquérants ont nommé les empires de la terre ; les astronomes se sont partagé notre satellite ; le philosophe anglais demande un astre à lui seul. J'appellerais le soleil tout entier NEWTON.

CYPRIEN.

Oh ! mon papa, quand pourrai-je connaître ce grand homme ?

MADAME DE CROISSY.

Vous me ravissez par cet enthousiasme pour sa gloire.

M. DE GERSEUIL.

Que je voudrais pouvoir vous peindre celui qu'il me fit éprou-

ver l'année dernière, en contemplant sa statue à Cambridge! Rou-
billac, sculpteur français, l'a représenté debout, dans une attitude
sublime, fixant le soleil, et lui montrant d'une main le prisme qu'il
tient de l'autre pour décomposer ses rayons. Je ne pouvais en dé-
tacher mes regards. En m'élevant de la pensée à la vaste hauteur
où il a porté les connaissances humaines, il me semblait entendre
la nature lui dire en le formant : depuis le nombre de siècles que
l'homme étudie mes lois, il les a toujours méconnues. Il est temps
de les lui révéler. C'est toi que j'ai fait naître pour les lui publier
sur la terre. Va renouveler l'astronomie, agrandir la géométrie, et
fonder la physique. Je te donne ces sciences avec mon génie. Tu
diras quelles sont l'étendue de l'univers et la simplicité de l'ordre
qui le gouverne. Tu pèseras la masse des corps immenses que j'y
ai répandus, tu prescriras leur forme, tu détermineras leur volume,
tu mesureras leur distance, tu soumettras à des calculs précis les
inégalités même de leurs mouvemens... Au milieu d'eux tu éta-
bliras le soleil ; tu diras par quelle puissance il les maîtrise, et
comment il leur distribue la lumière et la vie. Pour ta récom-
pense, je te placerai toi-même comme un nouvel astre au milieu
de tous les grands hommes qui doivent te suivre. En donnant une
impulsion rapide à leur génie, tu les forceras de tendre sans cesse
vers le tien ; et ils circuleront avec respect autour de toi pour recevoir la lumière. Quant à ceux qui voudraient s'en écarter, semblables à ces comètes rebelles, qui, croyant se dérober à l'empire
du soleil, vont se perdre pour des siècles dans la profondeur téné-
breuse de l'espace, mais qu'il ramène toujours constamment au pied
de son trône, du fond de leurs erreurs, ils seront forcés de revenir
à toi ; et on ne les verra briller d'une lueur passagère dans quelques

points de leur cours, qu'en se plongeant, à ton approche dans la
splendeur de tes rayons.

Newton.

En ce moment, on vint annoncer à madame de Croissy qu'elle
était servie. Émilie et Cyprien auraient bien voulu qu'on eût re-
tardé l'heure du repas, afin d'entendre plus longtems M. de Gerseuil. Pour se délivrer de leurs instances, il fut obligé de leur pro-
mettre qu'on viendrait encore, en sortant de table, faire un petit
tour de promenade, et qu'ils seraient de la partie.

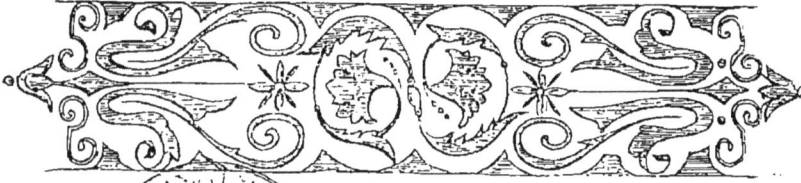

DEUXIÈME ENTRETIEN.

L a conversation fut
très enjouée
pendant le souper, entre M. de Gerseuil et sa sœur.
Ils étaient transportés de joie de l'intelligence
qu'avaient montrée leurs enfants, de l'ardeur
qu'ils témoignaient pour s'instruire. D'un coup-
d'œil à la dérobée, ils se faisaient remarquer l'un l'autre l'air

7

d'empressement dont Émilie et Cyprien dévoraient les morceaux en
silence, afin de hâter le moment d'aller reprendre sur la terrasse
l'entretien qu'on leur avait promis. Nos petits philosophes ve-
naient déjà d'expédier leur dessert. On voyait l'un tordre sa
serviette, l'autre s'agiter d'impatience sur son siège.

Peut-être madame de Croissy, amusée d'une scène aussi diver-
tissante, prenait plaisir à la prolonger. Quoiqu'il en soit, Émilie
pour ne pas perdre de temps, eût la malice de revenir sur le dépit
ambitieux qu'avait eu son cousin de ne jouer qu'un personnage
invisible à la face des astres. Cyprien se prêta de fort bonne grâce
à la plaisanterie, jusqu'à ce qu'il vit ses parents, qu'il guettait,
achever enfin leur repas. Alors se tournant tout-à-coup vers
Émélie : Ma petite cousine, lui dit-il d'un ton assez haut pour s'attirer l'attention générale, je lisais l'autre jour une histoire que mon
papa connaît sans doute, ainsi que ta maman, mais que sans doute
aussi tu ignores. Je vais te la conter. Mahomet, voulant donner à
son armée une preuve du pouvoir qu'il exerçait sur la nature, lui
proposa d'opérer en sa présence un superbe miracle. Ce n'était rien
moins que de faire accourir de loin une très-haute montagne jusqu'à ses pieds. Il assemble un beau matin tous ses soldats, qui
déjà criaient au prodige sur leur grand prophète ; il se met au
premier rang, et commande à la montagne d'avancer. La montagne
fait la sourde oreille à ses premiers ordres. Mahomet s'en étonne ;
il l'appelle une seconde fois d'une voix terrible. La montagne,
comme tu peux le croire, ne s'en ébranle pas davantage à cette
nouvelle apostrophe. Qu'est ceci ? s'écria l'imposteur d'un air ins-
piré. La montagne ne veut pas marcher vers nous ! Eh bien mes
amis, suivez-moi, marchons vers la montagne. — Je n'ai pas

plus de rancune que Mahomet. Les étoiles ne nous voient pas !
Eh bien, ma cousine, allons voir les étoiles.

Il se leva brusquement de table en disant ces mots, et se pré-
cipita vers la porte, laissant Émilie toute déconcertée de cette in-
cartade. M. de Gerseuil et madame de Croissy sourirent de sa finesse, et le suivirent dans le jardin.

La nuit était alors de la plus belle sérénité. Aucun nuage ne dérobait la vue des cieux. La lune, qui n'avait fait que paraître un
moment sur l'horizon, laissait, par sa retraite, les étoiles qu'elle
avait obscurcies, étinceler de tous leurs feux rayonnants. Les enfants avaient cent fois admiré la magnificence de ce spectacle ;
mais au moment de voir satisfaire la curiosité qu'il leur avait toujours inspirée, ils le contemplaient avec une nouvelle extase. L'é-
toile resplendissante de Sirius fut la première qui frappa les yeux
de Cyprien.

Il voulut savoir son nom ; et quand il l'eut appris : Mon papa,
s'écria-t-il, vive Sirius ! Voilà une étoile que j'aime ; elle est bien
plus grande que les autres.

ÉMILIE.

Je l'aime aussi d'être la plus brillante. Elle doit être bien plus
grande que les autres, puisque nous la voyons plus distinctement.

M. DE GERSEUIL.

Peut-être, mes amis, n'a-t-elle pas en elle-même plus de grandeur ni d'éclat ; mais c'est qu'apparemment elle est plus près de la terre. Rapprochée à la distance du soleil, elle nous paraîtrait sans doute aussi grande que lui. C'est encore beaucoup qu'elle soit si sensible à nos regards, étant au moins deux cent mille fois plus éloignée.

CYPRIEN.

Vous en parlez bien à votre aise, mon papa. Deux cent mille fois plus loin que le soleil ! Et comment a-t-on pu s'en assurer ?

M. DE GERSEUIL.

Je ne te cacherai pas que tous les efforts des astronomes pour mesurer la grosseur des étoiles, qui nous aurait donné une idée de leur distance, ont été longtemps inutiles ; mais depuis quelques années on connaît la distance exacte qui nous sépare des étoiles les plus voisines de la terre. Ainsi il est prouvé que Sirius est 206,000 fois plus éloigné que le Soleil, c'est-à-dire 206,000 fois 38 millions de lieues. Cet éloignement prodigieux, inconcevable presque frappera davantage encore si on le rapporte à la vitesse de la lumière. La lumière de l'étoile la plus proche de la terre emploie plus de huit ans à nous parvenir, en sorte que si l'étoile était anéantie nous la verrions encore trois ans après sa destruction. Or, sachez que la lumière parcourt 77,000 lieues par seconde, qu'un jour se compose de 86,400 secondes et que l'année a 365 jours et vous resterez atterés devant l'immensité de ces nombres.

Si par la pensée on éloigne le soleil à la distance de l'étoile la plus voisine, son disque si brillant deviendrait imperceptible.

CYPRIEN.

Je ne puis pas m'empêcher de me sentir bien humilié d'un résultat qui réduit à si peu de chose la planète que nous habitons.

M. DE GERSEUIL.

Songe que l'homme est parvenu en tirant tout de son propre fonds par la seule face de son genre à mesurer d'une manière certaine ces distances prodigieuses et que par là il s'est élevé à une hauteur immense dans le monde des idées. — Ainsi, on a aussi mesuré avec justesse, la grandeur des planètes les plus éloignées, entr'autres celle de la belle planète de Jupiter, que voici :

CYPRIEN.

Ah ! c'est là Jupiter ? Cependant, mon papa, Sirius paraît plus grand à la simple vue. Si l'on a pu mesurer la grosseur de Jupiter, pourquoi ne peut-on pas mesurer celle de Sirius ?

M. DE GERSEUIL.

Avant que je te réponde, fais-moi le plaisir de regarder d'ici, par la fenêtre entr'ouverte, cette bougie qui brûle dans le salon. Ne vois-tu pas autour de sa flamme une lumière confuse qui la grossit.

CYPRIEN.

Il est vrai, mon papa. J'ai bien souvent observé ce phénomène.

ÉMILIE.

Oui, c'est comme le soleil qui semble s'agrandir de toute sa couronne de rayons.

M. DE GERSEUIL.

Eh bien, mes amis, les étoiles étant lumineuses par elles-mêmes comme le soleil et la bougie, elles ont aussi cette irradiation qui nous les fait paraître beaucoup plus grosses qu'elles ne devraient le paraître réellement, au point qu'on estime que leur grandeur en est augmentée de près de neuf cents fois.

CYPRIEN.

Ho ! ho !

M. DE GERSEUIL.

Dites-moi maintenant. Lorsque la lune est dans son plein, et que, par conséquent, elle reluit avec le plus d'éclat, avez-vous pu remarquer une irradiation semblable autour d'elle ?

ÉMILIE.

Non, jamais. Sa lueur est bien terminée dans toute la largeur de sa face.

CYPRIEN.

On peut le voir de même dans Jupiter.

M. DE GERSEUIL.

D'où vient donc cette différence ?

CYPRIEN.

J'imagine que Jupiter et la lune ne faisant que nous réfléchir une lumière empruntée, cette lumière ne doit pas avoir l'agitation qui règne dans les corps brillants de leurs propres feux.

M. DE GERSEUIL.

C'est à merveille. Ainsi Jupiter n'exagère point son volume; et, si petit que sa distance le fasse paraître, les astronomes auront des instruments d'une assez juste précision pour le mesurer ; mais les étoiles, avec cette irradiations trompeuse qui les environne....

CYPRIEN.

Est-ce qu'on ne pourrait pas venir à bout de les en dépouiller pour les voir dans leur exacte grandeur?

M. DE GERSEUIL.

Voilà précisément l'effet que produit le télescope, en réunissant et concentrant dans un point tous leurs rayons, mais alors ce point est si peu de chose ! et plus le télescope est parfait, plus ce point, en devenant plus lumineux, devient aussi plus petit, jusque là qu'il ne laisse aucune prise à la mesure.

MADAME DE CROISSY.

Mais par quel moyen a-t-on pu au moins établir une comparaison de distances entre le soleil et les étoiles.

M. DE GERSEUIL.

Ce moyen est très-ingénieux. On connaît, par des règles sûres que je vous expliquerai dans la suite, la grandeur et la distance du soleil. On a calculé tour-à-tour de combien il faudrait le diminuer ou le reculer, pour le faire décroître jusqu'à la petitesse de Sirius. C'est d'après ces calculs qu'on a été forcé d'en conclure l'éloignement prodigieux de cette étoile, qui est cependant la plus proche de nous. La plupart des astronomes jugent même cet éloignement beaucoup plus considérable, parce qu'il est douteux que le meilleur télescope puisse totalement dépouiller une étoile de sa lumière superflue, et nous la montrer seulement de la grandeur réelle qu'elle doit conserver pour nous à cette distance.

CYPRIEN.

Oh, puisque les étoiles sont si éloignées, je n'ai plus tant de peine à croire, comme notre ami nous l'a dit, qu'elles soient de véritables soleils. Si elles n'avaient qu'une lumière empruntée, comment les rayons parviendraient-ils jusqu'à nous avec tant d'éclat et de vivacité, après avoir traversé des espaces si immenses ?

M. DE GERSEUIL.

Fort bien, mon fils ; ta réflexion est très-juste. On a démontré qu'on pourrait diminuer plusieurs millions de fois la lumière d'une étoile, en la reculant de nos yeux, sans qu'elle cessât de retenir tant de clarté qu'un papier blanc vu au clair de lune.

CYPRIEN.

Celles qui nous paraissent si petites, c'est donc qu'elles sont encore plus loin que Sirius ?

M. DE GERSEUIL.

Peut-être y a-t-il un aussi grand intervalle entre elles dans la profondeur de l'espace, qu'entre Sirius même et le soleil.

CYPRIEN , *avec surprise*.

Oh ! mon papa !

ÉMILIE.

Elles semblent pourtant placées l'une à côté de l'autre. Il en est de même que l'on croirait doubles en les regardant.

M. DE GERSEUIL.

Je puis vous répondre à tous deux à la fois par un seul exemple bien familier. Vous avez dû souvent remarquer du Pont-Royal les lanternes placées le long de la terrasse des Tuileries et du bord de la place de Louis XV. Vous savez qu'elles sont également espacées et que leurs mèches sont égales ?

CYPRIEN.

Cela doit être. Quand nous sommes près d'elles elles nous paraissent toutes aussi lumineuses l'une que l'autre.

M. DE GERSEUIL.

Eh bien, mon fils n'as-tu pas observé que celles de la terrasse des Tuilees, qui étaient les plus proches que toi, paraissaient avoir une lumière plus étendue et plus vive que celles de la place de Louis XV.

CYPRIEN.

Oui, je me le rappelle et cela m'a toujours étonné.

M. DE GERSEUIL.

Et toi, Émilie, n'aurais-tu pas jugé que celles de la place de Louis XV étaient bien plus près l'une de l'autre que celles de la terrasse des Tuileries ?

ÉMILIE.

Sans doute, j'aurais pu les croire presque sous le même verre.

M. DE GERSEUIL.

Ce n'est pas tout. Supposons qu'entre les deux dernières, vous en eussiez aperçu une semblable qu'on aurait allumée à Chaillot, et qui se trouverait par conséquent encore une fois plus loin. Vous vous souvenez de ce que nous avons dit avant de souper, que les objets, dans un certain éloignement, nous paraissent à une égale distance de notre œil, quoiqu'ils soient beaucoup plus reculés les uns que les autres ?

CYPRIEN.

Oh ! nous ne l'avons pas oublié. Vos leçons nous intéressent trop pour cela.

M. DE GERSEUIL.

Vous concevrez donc, mes enfants, que la lanterne de Chaillot aurait dû nous paraître rangée dans la file de celles de la place de Louis XV, et que vous n'auriez pu la juger plus éloignée que par la petitesse de sa flamme et l'éclat affaibli de ses rayons ?

ÉMILIE.

Vous avez raison, mon oncle ; cela cadre tout juste avec les grandes et petites étoiles. Je conçois très-bien à présent qu'elles peuvent être fort reculées l'une derrière l'autre, et cependant nous paraître sur la même ligne, mais les unes plus grandes et plus brillantes, les autres plus petites et d'une clarté moins vive. Comprends-tu cela, Cyprien?

CYPRIEN, *avec un air avantageux.*

Si je le comprends, ma cousine? Oh! j'ai aussi une comparaison qui, sans vanité, vaut dix millions de fois mieux que celle de mon papa. Vous allez en être émerveillés.

ÉMILIE.

Voilà ce qui est assez modeste. Voyons votre découverte qui va lui faire un nom parmi les plus illustres astronomes.

CYPRIEN.

Sûrement, car elle peut servir pour tout notre globe, au lieu que la sienne n'est bonne tout au plus que pour la banlieue de Paris.

Aussi n'ai-je pas été la prendre sur la terre.

ÉMILIE.

Oui, oui, cela est trop bas pour un génie aussi élevé que le tien. Mais nous, pourrons-nous comprendre cette comparaison céleste.

CYPRIEN.

Je vais tâcher de la mettre à ta portée. Ces étoiles que l'on voit autour de Jupiter, ne les croirait-on pas aussi près de nous que lui-même? Si la lune paraissait à présent de ce côté, ne croirait-on pas Jupiter aussi près de nous que la lune? et s'il y avait un nuage aux environs de la lune, ne la croirait-on pas aussi près de nous que le nuage? Le nuage, la lune, Jupiter et les étoiles nous paraîtront donc dans le même enfoncement les uns que les autres? Or, sais-tu, ma cousine, qu'il y a une grande différence dans leur éloignement?

ÉMILIE.

Oui, mon cousin, je le sais, et si bien, que je suis en état de l'apprendre que le plus gros nuage ne paraîtrait pas du tout à la distance de la lune, que la lune ne paraîtrait pas davantage à la distance de Jupiter, et que Jupiter paraîtrait encore moins à la distance des étoiles.

M. DE GERSEUIL.

A merveille, mes amis. Voilà une petite guerre dont je suis fort content. Les dernières paroles d'Émilie nous ramènent heureusement à ce que nous disions tout à l'heure, que les étoiles doivent briller d'une lumière qui leur soit propre, et que cette lumière doit être bien vive, pour parvenir jusqu'à nous d'une distance où Jupiter aurait cessé peut-être mille fois d'être visible à nos regards.

CYPRIEN.

Oh ! je le vois, il n'en faut plus douter, ce sont de véritables soleils.

M. DE GERSEUIL.

Je le crois aussi. Mais ces soleils, pensez-vous qu'ils soient faits pour la terre ?

ÉMILIE.

De quel avantage lui seraient-ils ? Si l'on comptait sur eux pour mûrir nos raisins, on pourrait bien dire : Adieu, paniers mais c'est que vendanges ne seraient jamais faites.

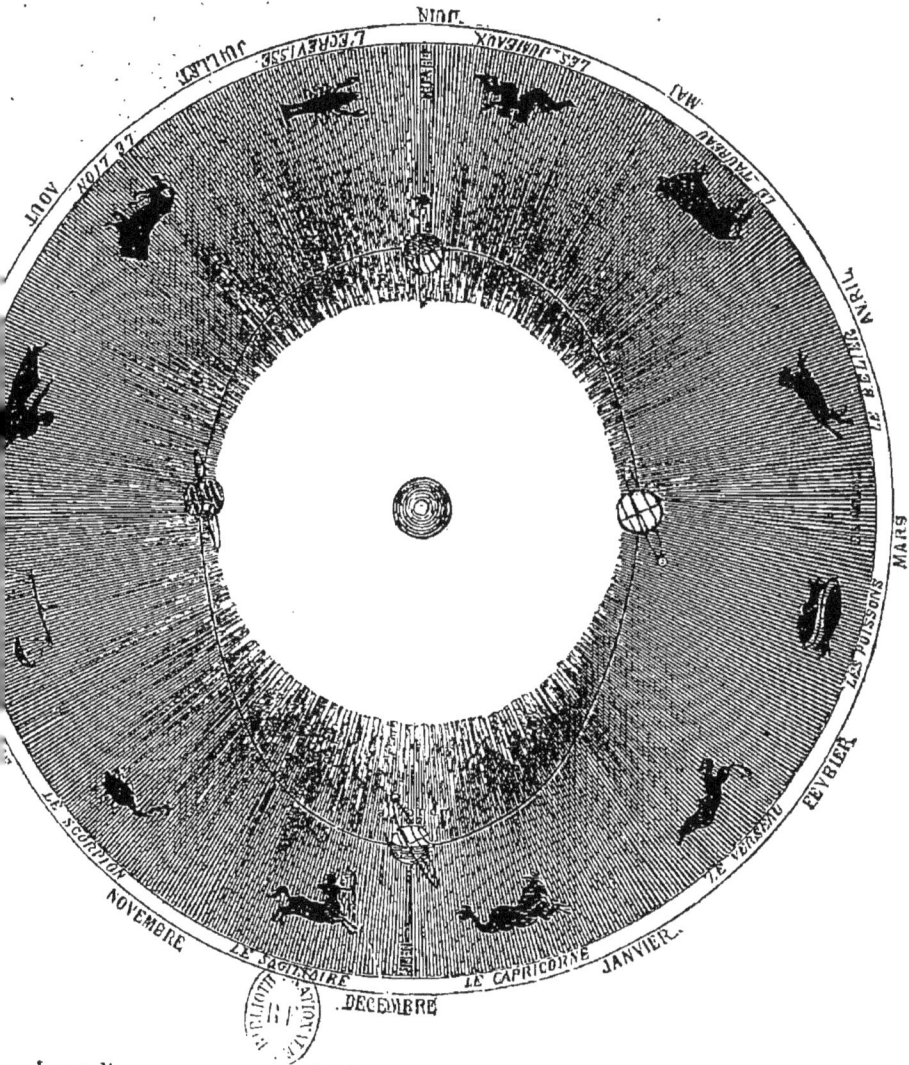

Le zodiaque se compose de douze constellations ou amas d'étoiles. — Le soleil parcourt chaque signe dans l'espace de 30 jours. Les six premiers signes, le Bélier, le Taureau, les Gémeaux, le Cancer, le Lion et la Vierge appartiennent à l'écliptique du côté nord, les six autres à l'écliptique du côté sud. Ainsi les trois premiers signes donnent le printemps, les trois suivants l'été, les trois autres l'automne, et les trois derniers l'hiver.

8

CYPRIEN.

Il n'y a que leur faible lueur qui puisse nous servir. Encore la lune, du fond d'un nuage, en donne-t-elle cent fois plus.

M. DE GERSEUIL.

D'ailleurs, vous savez qu'il est des étoiles que l'on ne découvre qu'avec le télescope; et celles-là du moins nous seraient inutiles à tous égards. Ainsi donc, si ces soleils étaient faits pour
nous, ils auraient sans doute été placés autour de la terre aussi
près que le nôtre.

CYPRIEN.

O mon papa! je vous remercie; nous en avons bien assez
d'un. Que vous a donc fait ma petite cousine, pour vouloir ainsi
hâler son teint de lis? La négresse du plus beau jais que l'on
connaisse aujourd'hui ne serait plus qu'une blonde fade auprès de
ce que deviendrait alors ma pauvre Émilie.

ÉMILIE.

Et ces petits maîtres, comme mon cousin, qui tendent leur

chapeau devant le soleil, au lieu de le mettre tout bonnement sur leur tête ; combien de bras et de chapeaux il leur faudrait pour parer de tous les côtés à la fois !

M. DE GERSEUIL.

Mais si tous ces soleils, à la distance où ils sont, ne peuvent nous procurer ni chaleur ni lumière; si, placés plus près de nous, ils ne servaient, selon vos folles idées, qu'à noircir le teint des dames et à embarrasser la contenance des petits-maîtres, et selon mes craintes un peu plus graves, à consumer la terre dans un moment; si, n'en déplaise encore à certains philosophes, ils ne sont pas faits uniquement pour réjouir nos regards, est-ce qu'ils seraient répandus pour rien avec une profusion si magnifique dans l'univers ?

ÉMILIE.

C'est précisément ce qui m'intrigue.

CYPRIEN.

Voyons un peu à nous raviser. Puisque le soleil n'est fait que pour fournir de la lumière et de la chaleur aux planètes, si les étoiles sont des soleils, elles doivent avoir aussi des planètes à échauffer et à éclairer.

M. DE GERSEUIL.

Voilà ce que j'appelle de la philosophie.

CYPRIEN, *d'un ton badin.*

Vois-tu, ma cousine?

ÉMILIE.

Mais, mon oncle, est-ce que nous donnerions des planètes à tous ces soleils?

M. DE GERSEUIL.

Si telle est la destination de chacun d'eux en particulier, tu peux bien penser que ce doit être l'emploi de tous en général.

CYPRIEN.

Sans doute. Que ferions-nous de ceux qui ne serviraient à rien? C'est comme si, dans les grands froids, le gouvernement faisait allumer des feux dans une place avec défense d'en approcher.

M. DE GERSEUIL.

Ou bien des lanternes dans une rue fermée où il ne passerait personne, et seulement pour donner une perspective d'illumination aux gens des quartiers voisins.

CYPRIEN.

Allons, mon papa, de l'ordre. Point de soleil sans planètes; mais à condition toutefois qu'il n'y ait pas de planètes sans soleil.

M. DE GERSEUIL.

Va, mon ami, si la sagesse du Créateur n'a pas fait un seul soleil inutile...

ÉMILIE.

Oui, j'entends; sa bonté n'aura pas laissé une seule planète malheureuse. Me voilà tranquille à présent.

CYPRIEN.

Je le suis aussi. Je vois que tout s'arrange à merveille. Notre soleil a des planètes qui roulent autour de lui, tandis qu'elles font rouler leurs satellites autour d'elles; eh bien, si mon ami Sirius est un soleil, il fait aussi rouler autour de lui ses planètes accompagnées de leurs satellites; et il n'y aura pas d'autre soleil qui n'en fasse autant.

ÉMILIE.

Je me garderai bien de vous demander pourquoi nous voyons les soleils sans apercevoir les planètes; je me souviens encore de la lampe et du château.

CYPRIEN.

Ta mémoire me sert fort à propos; me voilà un peu vengé. Si nous leur sommes invisibles, nous ne leur ferons pas l'honneur de les voir. Fort bien, messieurs, ne vous découvrez pas, je n'aurai pas de salut à vous rendre.

M. DE GERSEUIL.

Je ne te croyais pas si pointilleux sur le cérémonial.

ÉMILIE, *en s'inclinant.*

Oh bien! moi, je vais risquer une petite révérence.

CYPRIEN.

Que fais-tu, ma cousine? C'est eux qui nous devraient la pre-mière, pour les avoir si bien accommodés.

M. DE GERSEUIL.

En effet; convenez que nous avons eu de l'avisement de nous assurer d'abord que ces soleils, qui nous semblent si près l'un de l'autre, sont néanmoins entre eux à des distances prodigieuses. Leurs mondes ont besoin d'être à l'aise. Vous sentez quel espace il faut pour les grands mouvements d'un système solaire.

CYPRIEN.

Il nous est aisé d'en juger par le nôtre.

M. DE GERSEUIL.

C'est le meilleur objet de comparaison. Mais as-tu bien saisi toute son étendue, et n'en es-tu pas épouvanté?

CYPRIEN.

Moi, mon papa? oh que non! Depuis que vous m'avez parlé

de la distance infinie des étoiles, je ne suis pas plus effrayé d'aller au bout de l'empire du soleil, que l'intrépide Cook, après avoir fait le tour de la terre, ne l'aurait été de faire un voyage sur la galiote de Paris à Saint-Cloud.

M. DE GERSEUIL.

Je crains fort qu'Émilie n'ait pas une allure aussi bien déterminée.

CYPRIEN.

Oh! ma petite cousine, elle tient trop à la terre pour se hasarder si loin dans les cieux.

ÉMILIE.

Oui-dà, mon cousin. N'ai-je pas lu comme toi que la planète d'Herschell est à six cent cinquante millions de lieues du soleil il est vrai que c'est la dernière.

CYPRIEN.

Bon, ma pauvre marcheuse; si tu plante là ta colonne, je puis te faire voir encore bien du pays.

ÉMILIE.

Et comment, s'il te plaît?

CYPRIEN.

Jupiter et Saturne n'ont-ils pas des satellites ou des lunes qui les éclairent d'une lumière empruntée du soleil, pour suppléer à la faible clarté qu'ils peuvent recevoir de cet astre? Herschell en est beaucoup plus éloigné. Il est donc vraisemblable qu'il a aussi des satellites que nous ne connaissons pas encore, et en plus grand nombre peut-être ; et lorsque le dernier de ces satellites se trouve derrière sa planète, n'est-il pas reculé à une bien grande profondeur dans l'espace? Me voilà pour le coup aux bornes de notre monde.

M. DE GERSEUIL.

Hélas ! mon cher ami, je crains de troubler ta gloire, mais tu en es bien loin encore.

CYPRIEN.

Et que voyez-vous au-delà du poste où je me suis avancé?

M. DE GERSEUIL.

D'autres planètes, peut-être, qui nous sont inconnues. Mais ne parlons que de ce qui est découvert (*).

(*) Dans ces dernières années, deux savants astronomes, nommés Razzi et Olbers, ont découvert deux planètes non observées jusqu'à ce jour; et qui sait combien où parviendra à en découvrir encore ?

CYPRIEN.

Ah! voyons, voyons, je vous prie.

M. DE GERSEUIL.

As-tu donc oublié ces comètes dont la révolution autour du soleil est de plusieurs siècles?

CYPRIEN.

Vraiment oui; je n'y pensais plus.

M. DE GERSEUIL.

Je ne veux pas citer celle de 1769, à qui l'on donne une période d'environ cinq cents ans; encore moins celle de 1680, à qui l'on en suppose une de cinq cent soixante-quinze. Ne parlons que de celle qui fut observée pour la première fois en 1264, qui reparut en 1556, et qu'on attend en 1858, et dont la période est par conséquent de deux cent quatre-vingt-douze années.

CYPRIEN.

C'est bien assez, je crois.

M. DE GERSEUIL.

Du point où elle se trouve le plus près du soleil à chacune de ces époques, faisons-la partir pour sa révolution de près de trois siècles, et partageons ce nombre en deux, moitié pour son éloignement, moitié pour son retour. Volà donc près d'un siècle et demi que cette comète emploie à s'écarter du soleil.

CYPRIEN.

Oh! c'est bien clair, puisque Herschell ne met que quatre-vingt-deux ans à faire sa révolution ; la différence est grande.

M. DE GERSEUIL.

Plus que tu ne penses encore ; car le mouvement des comètes ne se fait pas, comme celui des planètes, dans une éclipse peu différente d'un cercle parfait ; ce qui les tiendrait à une distance presque toujours égale du soleil. Il se fait dans une ellipse, excessivement allongée ; ce qui augmente à chaque instant leur éloignement, jusqu'à ce qu'elles atteignent le point de leur courbure, d'où le soleil les force de remonter vers lui par la branche opposée; mais à ce point si reculé, où elles cèdent pourtant à la puissance que le soleil exerce toujours sur elles, elles doivent se trouver bien plus loin encore des soleils des mondes voisins; car autrement le plus proche les forcerait d'entrer dans son empire. A cette distance, à laquelle notre comète n'est parvenue qu'au bout de près d'un siècle et demi, il faut donc qu'elle laisse encore derrière elle un espace immense désert, pour servir de frontière entre le système dont elle dépend et celui qui l'avoisine de ce côté. Rapporte cette mesure à tous les autres mondes, et conçois, si tu l'oses, quelle doit être l'immensité de chacun d'eux.

MADAME DE CROISSY.

Mais, mon frère, est-ce que vous les croyez tous aussi grands que le nôtre ?

M. DE GERSEUIL.

Rappelez un peu votre philosophie, ma sœur. De quel front l'homme prétendrait-il que l'empire de son soleil fût plus vaste, lorsqu'il n'en habite lui-même qu'une des moindres provinces? La marche de son orgueil est assez singulière. Tant qu'il a cru tous les corps célestes faits pour lui seul, il a cherché de siècle en siècle à les agrandir ; aujourd'hui que l'astronomie démontre qu'ils lui sont étrangers, il n'aspire qu'à resserrer leur étendue.

MADAME DE CROISSY.

Je ne puis rien opposer à votre raisonnement, mais cette immensité me confond, et peut-être allez-vous m'accabler encore. Combien comptez-vous d'étoiles ?

M. DE GERSEUIL.

Les observateurs les plus sûrs et les plus scrupuleux en ont compté plus de trois mille dans notre hémisphère, et dix mille dans l'hémisphère opposé. Vous vous rappelez que je vous en ai donné le détail en vous montrant le dessin des deux hémisphères.

MADAME DE CROISSY.

Grand dieu ! treize mille soleils, treize mille mondes dans l'univers !

M. DE GERSEUIL.

Et les étoiles que l'on entrevoit à peine avec le télescope !

celles que cet instrument perfectionné nous ferait encore découvrir ! leurs milliers qui se trouvent comprises dans ces petits nuages
que vous voyez, auxquels on a donné le nom de Nébuleuses, et
dans ceux que l'on ne découvre qu'à l'aide des instruments! les
millions qui sont renfermées dans la voie lactée! Je conçois que
l'imagination soit épouvantée de ce calcul. A l'aspect d'une haute
montagne, l'homme ne peut se défendre d'un secret saisissement,
la pensée de l'étendue de la terre le fait frémir ; l'Océan et ses
profondeurs le glacent d'effroi ; cependant qu'est ce globe entier
auprès de la masse brûlante du soleil, quatorze cent mille fois plus
grands? Et l'étendue occupée par cet astre si volumineux, que
sera-t-elle en comparaison de l'espace où nagent les corps soumis
à son empire! Mais tandis qu'il fait circuler autour de lui ses
planètes, entourées de leurs satellites, s'il était emporté, lui-même
avec d'autres soleils, suivis, comme lui, de leur cortége, autour
d'un autre corps plus puissant qu'eux tous à la fois?

MADAME DE CROISSY.

Quoi, mon frère, notre soleil, et ceux de tous ses mondes ne
seraient aussi que des planètes errantes à travers les cieux ? Ne
craignez-vous pas que votre imagination ne soit la seule en mouvement de tous ces voyages?

M. DE GERSEUIL.

Et que diriez-vous, si cette conjecture proposée par Halley

digne précurseur du grand Newton, soutenue par M. Lambert,
l'un des plus grands géomètres de ce siècle, était devenue l'opinion de ce que nous avons aujourd'hui d'astronomes les plus dis-
tingués, tels que MM. de la Lande et Bailly, et du sage, profond et religieux contemplateur de la nature, M. Bonnet de Ge-
nève ?

MADAME DE CROISSY.

De si grands noms m'en imposent
sans doute; mais sur quels fondements
cette idée serait-elle établie ?

M. DE GERSEUIL.

Le mouvement de rotation qu'on a
reconnu dans le soleil, suffirait seul pour
la rendre vraisemblable. La nature a
imprimé ce mouvement à tous les corps
transportés dans une orbite autour d'un
corps plus puissant, qui les maîtrise. Elle l'a donné aux satellites, en les faisant circuler autour de leurs planètes, elle l'a
donné aux planètes en les faisant circuler autour du soleil : toujours
simples, uniforme et constante dans ses grandes lois, l'aurait-elle

9

donné au soleil pour rester immobile ! Toutes les planètes tournent sur elles-mêmes dans le mouvement qui les emporte autour de lui, pour en recevoir successivement la chaleur dans toutes leurs parties; or, puisqu'il tourne aussi sur lui-même, ne serait-ce pas en marchant autour d'un corps supérieur ?

MADAME DE CROISSY.

Ces conjectures me paraissent assez naturelles et assez importantes pour désirer qu'elles fussent appuyées sur quelque observation.

M. DE GERSEUIL.

Eh bien, soyez satisfaite. Il est déjà trois des plus grandes étoiles, Sirius, Arcturus et Aldébaran, dont le mouvement dans l'espace est constaté. Il est très-sûr qu'Arcturus s'avance toutes les années de plus de quatre-vingt-dix millions de lieues vers le midi. Dans l'éloignement prodigieux où sont ces étoiles les plus proches de la terre, leur déplacement est à peine sensible au bout de quelques années ; jugez si les autres étoiles, infiniment plus distantes, ne peuvent pas avoir un mouvement aussi considérable, sans qu'il soit sensible pour nous avant des siècles entiers d'observation.

MADAME DE CROISSY.

Puisque le mouvement de ces grandes étoiles est si certain, je n'ai rien à vous opposer sur ce sujet. Je conçois même, d'après votre réflexion, que les plus petites pourraient se mouvoir, sans que ce déplacement fût remarquable de longtemps à nos yeux, à cause de leur inconcevable distance. Mais n'est-ce pas assez, pour vous satisfaire sur l'immensité de l'univers, que certaines étoiles soient emportées dans un orbite dont l'imagination ne peut se représenter l'étendue? Voulez-vous encore troubler le repos des autres?

M. DE GERSEUIL.

C'est qu'il m'en coûterait davantage d'outrager la nature. Pour reconnaître sa sagesse, vous avez été forcée de convenir que si les étoiles sont des soleils comme le nôtre, et que l'une d'elles ait, comme lui, un monde planétaire à gouverner, toutes les autres doivent avoir les mêmes fonctions à remplir: ne l'accuseriez-vous pas maintenant d'une inconséquence bien étrange, en donnant le mouvement à quelques étoiles, tandis que les autres, avec la même destination, resteraient immobiles? Mais prenez-y garde, ma sœur, le repos que vous accordez à celles-ci par faiblesse, est une destruction violente dont vous les frappez.

MADAME DE CROISSY.

Vous m'effrayez, mon frère.

M. DE GERSEUIL.

Au milieu de tous ces soleils arrêtés dans une immobilité absolue, n'en supposons qu'un seul en mouvement. Tel qu'un conquérant qui traverse sans désordre ses propres états, en marchant à des dévastations étrangères, il s'avance d'abord paisiblement dans son empire ; mais aux premières bornes du monde voisin qu'il rencontre, voyez-le engloutir dans sa masse de feu toutes les planètes de ce système, à mesure qu'il y pénètre, et courir bientôt dévorer sur son trône immobile ce soleil même qu'il vient de dépouiller. Dès lors l'équilibre de la machine universelle est détruit.

Ces systèmes qui se balançaient par l'égalité de leurs forces, comment pourront-ils résister à l'usurpateur, accru d'un monde envahi, et poussé d'une impétuosité nouvelle dans sa course ? Comme un brasier ardent attire la paille légère, il voit les mondes qui bordent son passage se précipiter en foule dans le torrent de ses flammes. Il marche d'embrâsemens en embrâsemens, foyer errant du grand incendie de l'univers.

MADAME DE CROISSY.

Oh ! je vous en conjure, hâtez-vous de rendre le mouvement

à tous ces soleils, que voulait arrêter ma folie. Surtout ne ménageons pas la course du nôtre. Qu'il fuie le désastre épouvantable où je l'exposais.

Hélas! je tremble maintenant que ses pas ne soient trop ralentis par le grand attirail de son cortége.

M. DE GERSEUIL.

Tranquillisez-vous, ma sœur. Sa force est proportionnée à la masse des corps qu'il entraîne. La terre, soixante fois seulement plus grosse que la lune, la contraint bien à le suivre ; Saturne fait bien marcher avec lui son anneau et ses satellites ; Jupiter est-il jamais abandonné des siens? Si ces planètes, par leur masse dominante, obligent les corps de leur suite de les accompagner dans leur révolution autour du soleil, le soleil, avec une masse beaucoup plus considérable que celle de toutes les comètes, de toutes les planètes et de tous leurs satellites ensemble, ne saura-t-il pas les emporter avec lui tous à la fois autour de l'astre assez puissant pour le dominer ?

MADAME DE CROISSY.

Ainsi le maître de tant d'esclaves ne serait qu'un esclave à son tour ?

M. DE GERSEUIL.

Quelque mouvement que vous lui donniez dans l'espace, il faut nécessairement que ce soit autour d'un corps supérieur, centre de son orbite, comme il est lui-même le centre des orbites de tous les corps soumis à sa domination. C'est une loi invariable que la nature a suivie dans tout le système de l'univers. Les comètes, ces astres dont le cours est le plus irrégulier, selon nos idées, y sont soumises dans leurs plus grands écarts. En marchant sur une ligne presque droite vers l'extrémité de leur ellipse, elles suivent toujours une orbite qui leur est tracée autour du soleil.

MADAME DE CROISSY.

Quoi donc! pour chaque soleil aurait-il fallu créer un corps supérieur, autour duquel se fît sa révolution?

M. DE GERSEUIL.

La nature a plus de ressources dans ses moyens. Plusieurs planètes, avec leurs satellites, circulent autour du même soleil; plusieurs soleils avec leurs planètes, circuleront autour du même corps supérieur; plusieurs corps supérieurs, avec leurs soleils, circuleront autour d'autres corps supérieurs encore. Cette gradation de systèmes de corps supérieurs croissant toujours en volume, et décroissant en nombre, ira se terminer au corps central universel, sur lequel sans doute, repose le trône de l'Être suprême, qui, d'un regard, embrasse tout son admirable ouvrage.

MADAME DE CROISSY.

Mais avec cette inconcevable multiplicité de mouvements et d'orbites, comment préviendrez-vous le désordre ?

M. DE GERSEUIL.

Comme cet amiral qui conduisait la flotte la plus nombreuse qu'eût jamais portée l'Océan. Elle était formée de trois divisions, composées chacune de plusieurs vaisseaux de ligne, d'une quantité prodigieuse de frégates, et d'un nombre infini de navires marchands, avec leurs chaloupes. Il voulut un jour leur faire exécuter une évolution générale. Il ordonna à ses trois vice-amiraux de marcher en un grand cercle autour de lui sur leurs vaisseaux de commandement. Chacun de ses vice-amiraux donna le même ordre à tous les vaisseaux de ligne de sa division, chaque vais-

seau de ligne à plusieurs frégates, chaque frégate à plusieurs
navires marchands, et chaque navire marchand à toutes ses chaloupes.

Ils prirent un espace assez vaste pour pouvoir exécuter libre-
ment ces manœuvres, et elles se firent avec la précision la plus
rigoureuse.

Cette évolution paraissait sans doute bien compliquée aux derniers navires. Ils devaient n'apercevoir que des mouvements bi-
zarres et confus à travers tous ces corps flottans. Vous voyez
toutefois qu'elle était de la plus extrême simplicité. L'amiral n'avait
eu besoin que d'un seul ordre, d'un signal unique. Les chaloupes
n'avaient qu'à marcher à diverses distances autour de chacun des
navires marchands dont elles dépendaient, tandis que plusieurs
navires marchands circuleront autour de chaque frégate, plusieurs
frégates autour de chaque vaisseau de ligne, les vaisseaux de
ligne autour de chacun des vice-amiraux de leur division, et ceux-
ci enfin autour du grand amiral.

MADAME DE CROISSY.

Cette comparaison débrouille à mes yeux tout le système de
l'univers.

Mais comment concevoir cette gradation de corps plus puissans
les uns que les autres, dont le volume énorme du soleil ne serait
que le terme moyen ?

Votre imagination n'a-t-elle pas déjà fait un effort plus courageux, en s'élevant à l'immensité du soleil même, incontestablement
reconnue aujourd'hui ? Cet astre, que les anciens croyaient moindre que la lune, et infiniment plus petit que la terre, cet astre
pourrait former plus de quatorze cent mille globes de terre ou plus
de quatre-vingt millions de globes de la lune. Quelle progression
de grandeurs peut maintenant vous arrêter ? Si chaque nouvelle
erreur dont l'homme se désabuse éclaire son intelligence; si chaque nouveau degré de faiblesse qu'il surprend dans ses organes,
agrandit son génie, pourquoi craindrait-il de donner un plus noble
essor à son génie et à son intelligence ? Avant l'usage du microscope, ne bornait-il pas la nature animée au dernier insecte que
ses yeux lui permettaient d'apercevoir ? Aujourd'hui, combien de
millions de créatures il aperçoit encore au-dessous de cet insecte ?
Une goutte d'eau préparée, dont rien ne semble altérer la transparence lui montre une mer peuplée de ses baleines : une parcelle
de fruit moisie lui présente, pour ses habitans, une montagne con-
verte de forêts, comme l'est pour nous l'Appennin, qui va cacher son
front dans les nuages. Il voit ces petits animaux dont il était si loin
de soupçonner l'existence, en dévorer d'autres plus petits; il les voit
pourvus d'organes propres à tous leur besoins ; chargés de milliers
d'œufs prêts à éclore, pour entretenir une prodigieuse popula-
tion.

Frappé de surprise à cette aspect, si le microscope lui échappe
des mains, qu'il prenne le télescope, et qu'il découvre, pour la

première fois, dans les cieux, une foule innombrable d'étoiles inconnues, derrière lesquelles il s'en dérobe encore un nombre mille fois plus grand, qu'il ne verra jamais. De quel côté oserait-il maintenant, dans son audace, limiter la création ? Si le temps est sans fin pour l'Éternel, pourquoi l'espace et la matière auraient-ils des bornes pour le Tout-Puissant ? L'un est-il moins digne que l'autre de sa gloire ? Les siècles que peuvent embrasser nos calculs ne sont peut-être à la durée de l'éternité que ce que les espaces occupés par ces millions de mondes que nous pouvons entrevoir sont à l'étendue de l'infini.

MADAME DE CROISSY.

Oh mon frère, quelle sublime idée vous me faites concevoir de l'Être suprême !

M. DE GERSEUIL.

Vous n'avez pu encore admirer que sa puissance dans le nombre la grandeur de ces corps prodigieux qui peuplent l'univers ; mais quelle sagesse bien plus admirable il a fait éclater dans l'équilibre où les maintient l'accord immortel de leurs mouvements ! Jetez d'abord les yeux sur notre système solaire. Outre les sept planètes et leurs satellites qui le parcourent sans cesse dans un ordre immuable, voyez-y circuler en tous sens plus de soixante comètes dont les pas ténébreux sont marqués. Combien il en circule infiniment davantage que nous n'avons pas encore observée! La géométrie démontre que, par la forme de leurs orbites, un million de ces corps peut se mouvoir autour du soleil sans que leur cours s'embarrasse.

Elancez-vous maintenant sur les ailes de la pensée ; traversez tous ces mondes où règne intérieurement la même harmonie ; allez vous prosterner au pied du trône du Créateur, pour assister à leur marche universelle : cette noble audace est un hommage que vous rendez à sa gloire. Un rayon de son œil va vous éclairer. O le magnifique spectacle qui se dévoile tout à coup à vos regards !

Ces étoiles qui ne vous paraissaient d'ici-bas que des flambeaux immobiles, les voyez-vous, comme des soleils dans toute leur grandeur, s'avancer en silence, suivis de leur cortége planétaire, autour de soleils plus puissants, qui les emportent autour d'autres soleils encore plus glorieux ? Quelles justes proportions entre ces provinces, ces empires et ces mondes célestes ! quelle majesté de domination et même de dépendance ! comme tous ces orbes s'embrassent sans se confondre ! Quelle sera donc la chaîne invisible assez forte pour lier toutes ces parties d'un tout infini. Le grand Newton nous lia révélée.

C'est un seul principe de tendance mutuelle que le Créateur répandit dans tous ces corps. Combiné avec l'impulsion qu'ils reçurent une fois pour toujours en sortant de ses mains, réglé par le rapport de masses et de distance, il est l'agent universel de la nature.

C'est lui qui tend à réunir tout ce que le mouvement voudrait séparer. En se balançant dans l'exercice perpétuel de leurs forces, ces deux puissances conservent entre les mondes l'ordre établi dès la création. Chacun d'eux attire à lui tous les autres, ainsi qu'il est attiré. Une correspondance générale d'attractions réciproques les unit en les divisant. Leurs sphères s'étayent sans se pénétrer. Les soleils qui les illuminent se réfléchissent leurs rayons, pour qu'un seul atome de lumière ne soit pas en vain dissipé dans l'espace. Il semble que l'éternel ait voulu tracer dans cette même loi le plus grand principe de la morale humaine.

Mortels, aidez-vous mutuellement de vos lumières et de vos

forces, tendez les uns vers les autres, sans vous écarter de la sphère où vous a placés ma providence. Cet ordre est établi pour votre bonheur, comme pour le maintien de l'univers. ·

Les deux enfants n'avaient pas laissé échapper une seule parole pendant la dernière partie de cet entretien; mais leur silence n'était pas une distraction : il était l'effet de l'impression de surprise dont ils avaient été frappés, et de l'attention qu'ils avaient donnée au magnifique tableau qu'on venait de leur offrir. M. de Gerseuil craignit cependant que la rapidité de son discours n'eût fait perdre quelque chose à leur intelligence; et dès le lendemain, en se levant, il écrivit de mémoire les deux entretiens de la veille et les donna à Emilie et Cyprien, qui les lurent et relurent souvent avec la plus grande attention.

FIN.

TABLE·

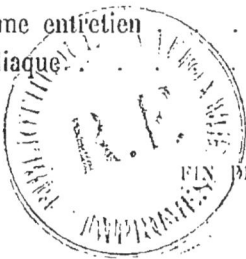

FIN DE LA TABLE.

ARRAS, TYP DE MME VEUVE DEGEORGE.

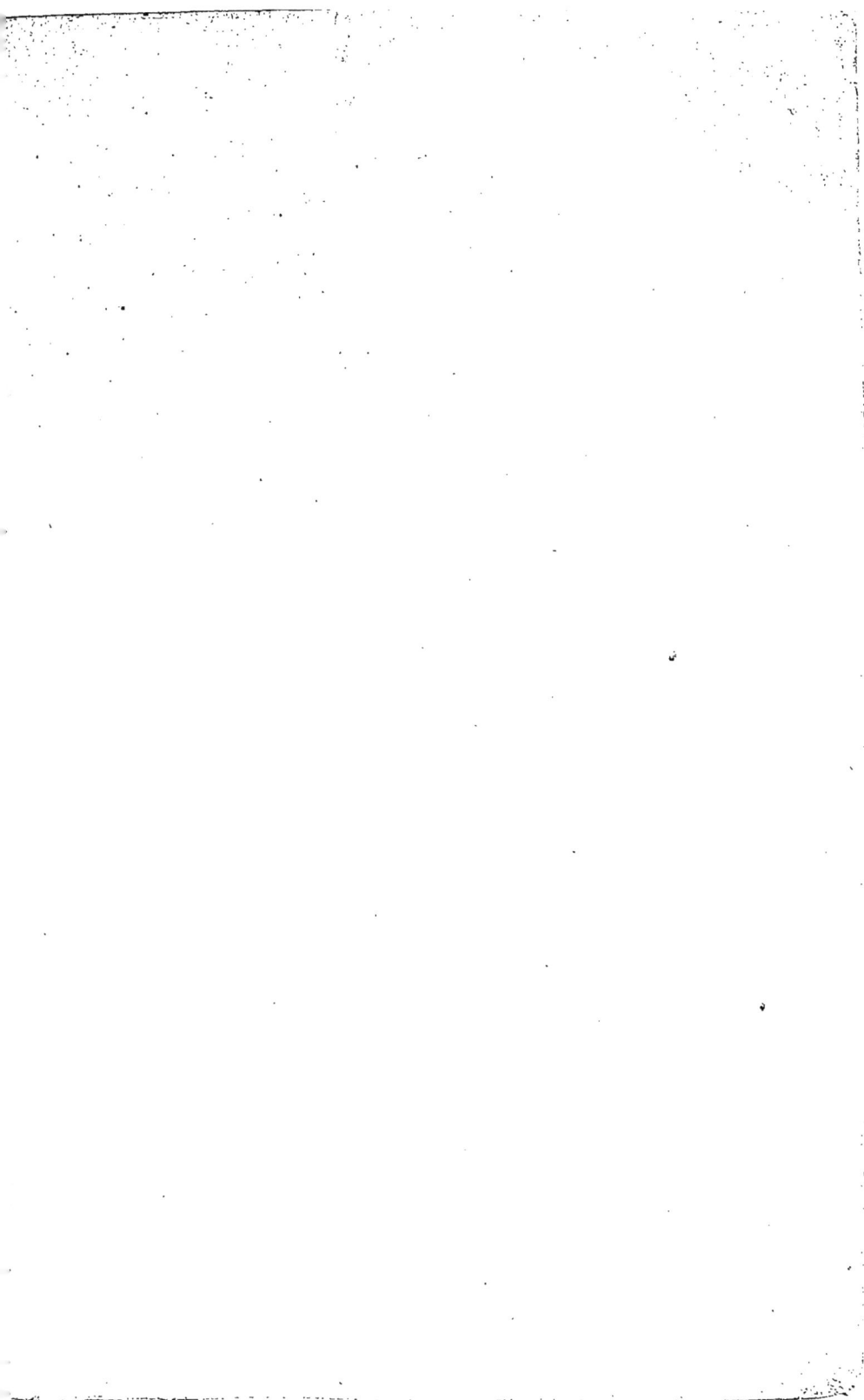

ARRAS, TYP. ET LITH. DE MAD. VEUVE J. DEGEORGE.

www.ingramcontent.com/pod-product-compliance
Lightning Source LLC
Chambersburg PA
CBHW071849200326
41519CB00016B/4303